献给我的女儿们，她们是我生活的乐趣；也献给她们无数次的“为什么？妈妈”。

献给我的母亲。她让我看到了这个世界。

献给我们身上伟大的动物部分。

——法拉·凯斯里

献给我的儿子们，他们是我好奇心和灵感的永恒来源。

献给进化，是它让我们成了人类。

——米歇尔·西姆

献给我的加斯帕尔——一个小动物和大动物的爱好者。

——阿梅莉·法利埃

[法]法拉·凯斯里
[法]米歇尔·西姆 著

[法]阿梅莉·法利埃 绘
李 萍 译

# 我们的感官

## 动物和人是如何感觉的？

四川科学技术出版社 浪花朵朵

# 关于作者

兽医

## 法拉·凯斯里

小时候，每当妈妈给我讲小红帽的故事，讲到"外婆，你的耳朵怎么那么大？外婆，你的牙齿怎么那么长？"时，我总是对狼外婆的回答不满意。我就像书里那头渴求填饱肚子的狼一样，渴求着更多的答案。

后来我才知道，狼的大耳朵能保证它拥有更好的听力，它长长的牙齿也不是用来吃小孩子的，而是用来撕碎肉块，将碎肉供整个狼群食用的。为了解答自己一连串的问题，我不断学习，成了兽医、动物生态学家，最后还成了一名记者。此外，米歇尔的许多疑惑也为我们这本书提供了源源不断的灵感。在共同写作这本书的过程中，我们一次次将自己想象成动物，玩得不亦乐乎。

**我希望通过介绍动物们神奇的感官，让大人和孩子都能对动物保持好奇心。因为在动物世界里，身体上的每个细节都不容忽视，都有它的奥妙。动物身上细微之处的差异，往往可以用来区别不同的物种。而实际上，我们人类与其他动物间的差异也并不大。**

**人类往往会对未知的事物感到害怕。如果没有其他动物的存在，如果我们对它们一无所知，我们也无法更好地认识自己。**

*结束兽医学和动物生态学的学习之后，法拉通过格物致知协会接触到了科学调解这个理念。这期间，她意识到自己渴望向大众传播科学知识，尤其是与动物相关的知识。*

*后来法拉成为法国电视五台《健康杂志》节目的记者和专栏作家，并在此期间结识了主持人米歇尔·西姆。在向公众介绍世界各地的动物和写作专栏的过程中，写这本书的念头逐渐萌芽。作为两个小女孩的妈妈，所写的第一本书就是给孩子们的，这也让她觉得是一种幸福。*

## 医生

# 米歇尔·西姆

*米歇尔不仅是巴黎一所医院的外科医生，同时也是电视、广播电台节目主持人。他还在斯托克出版社出版过多部作品，比如《地狱宣誓》《长命百岁》《人的大脑》和《致多愁多病的你》等。*

*他也在格莱纳少年儿童出版社出版过《我为什么会生病：大医生向孩子解释身体的奥秘》一书，专门向父母和孩子介绍人体的奥秘。*

“学兽医？疯了吧！这专业学起来难上天，做个医生多好！”即使时隔40年，我妈妈的一个朋友还是会用这句简单粗暴的话击碎我的梦想。不过我对她的话毫不在意，因为我特别喜欢目前从事的医生这个职业。

然而“做兽医”的小火苗从没在我的心里熄灭过。在法国电视五台《健康杂志》节目20年做过的所有专栏版块里，法拉所做的是我最感兴趣的。她总能从动物生态学的角度解释这个或那个动物的特定行为。所以我特别想跟她合作，一起探索发现**我们与动物非常相近却又不同的感官系统。**

我可能永远都无法成为一名兽医了，毕竟现在开始学为时已晚。不过在跟法拉写这本书的过程中，我学到了非常多的东西，并且都已成为我常识的一部分。

# 目录

这目录我喜欢，脉络清晰，层次清楚！

## 视觉

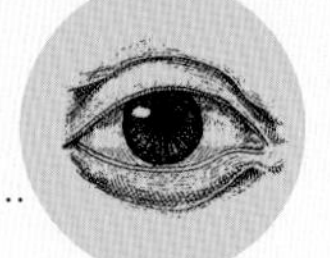



## 听觉

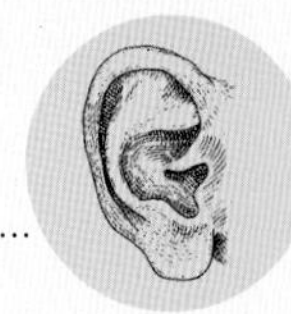

睁大双眼，你能在这本书里学到很多东西哦！

## 嗅觉

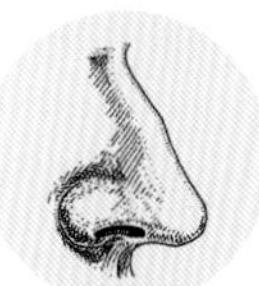



## 味觉

## 触觉

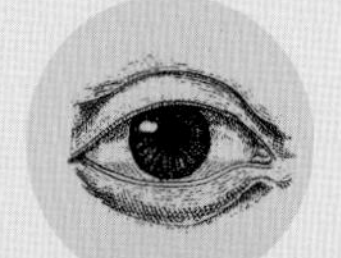

这些动物

# 长着大眼睛

*需要夜间视觉的动物往往眼睛也更大。*

约1.5厘米

约12厘米

## 眼镜猴

眼镜猴身体约有12厘米长（不含尾巴），眼睛直径却差不多有1.5厘米，显得格外硕大。它属于小型灵长类动物，主要生活在东南亚的树林里。在夜晚昏暗的树叶间，这样的大眼睛能帮助它更好地捕食。所以，它的大眼睛与它的夜行性习性是相适应的。

如果按眼镜猴的眼睛与身长的比例换算到人类身上，我们的眼睛将会有篮球那么大。

## 大王乌贼

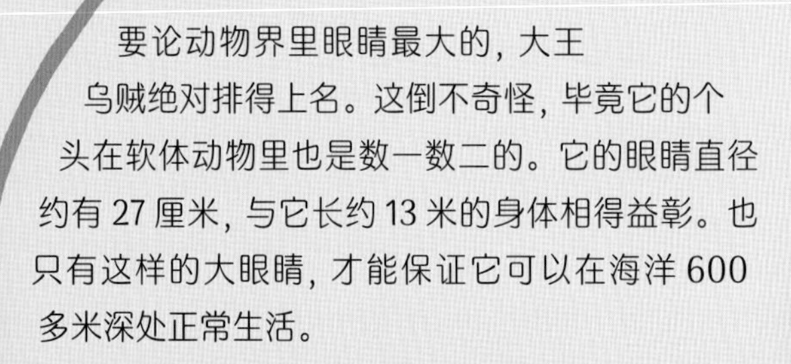

要论动物界里眼睛最大的，大王乌贼绝对排得上名。这倒不奇怪，毕竟它的个头在软体动物里也是数一数二的。它的眼睛直径约有27厘米，与它长约13米的身体相得益彰。也只有这样的大眼睛，才能保证它可以在海洋600多米深处正常生活。

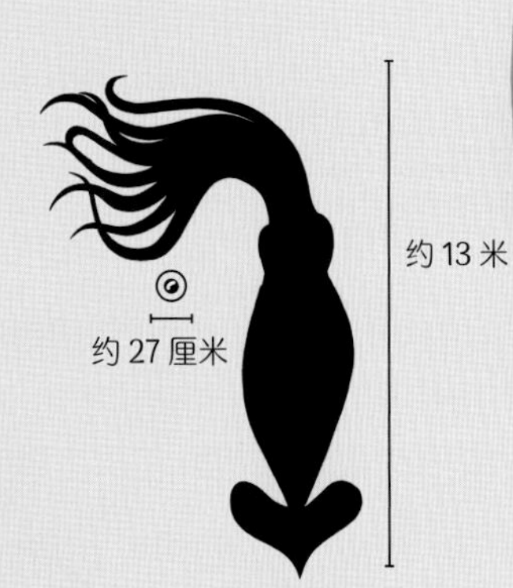


有了这双炯炯有神的大眼睛，再也不用惧怕那漆黑的深海了。这双眼睛能远远地探测到浮游生物发出的点点微光，还能发现天敌抹香鲸的存在。

人类的眼睛直径约2.5厘米。在成长过程中，人类的眼睛几乎不会随身体一起长大。因此，婴儿刚出生时，眼睛显得格外大。

这些动物

# 眼睛最多

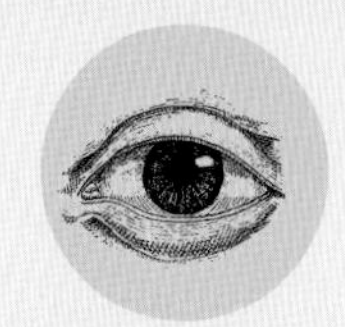

*通常，需要密切监视四周的动物，眼睛的数目也更多。*

## 跳蛛

跳蛛头上长着 8 只对称排布的眼睛。它依靠视力捕食，每对眼睛都有独特的功能。

朝前的那对眼睛最大，可以转动，负责追踪猎物（比如蜜蜂）的行动，具有立体视觉，能辨别微末细节、色彩以及与目标猎物之间的距离。两侧以及朝后的眼睛视力较差，但能起到扩大视野的作用，避免被突袭时毫无防备。

跳蛛的眼睛看起来好奇特！

就好比装备有后视镜，能观察到侧方和后方。

正因为有 8 只眼睛，它比人类看到的世界要更有立体感。

人类只有 2 只眼睛，不过也足够形成立体视觉、辨别高低起伏了，而且也能判断自己与其他物体或与其他人之间的距离。

## 扇贝

扇贝拥有约 200 只直径 1 毫米左右的小眼睛，它们分布在贝壳边上。这些眼睛能让扇贝随时观察周围的动静，及时发现章鱼等捕食者。每只小眼睛内部都有一个反射镜面，能将光线反射到视网膜上成像。

人类的眼睛则是依靠晶状体等结构将光线折射汇集到位于眼球底部的视网膜上来成像的。

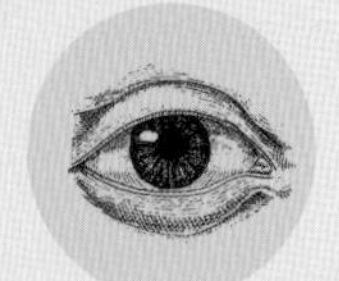

这些动物

# ····眼睛保护得最好····

*有些动物的生存环境极其恶劣。为了自保，它们各显神通。*

## 骆驼

双峰驼和单峰驼都生活在飞沙走石的沙漠地带。大风一吹，漫天飞沙很容易伤到它们的眼睛。为了应对这种恶劣天气，骆驼的眼睑上交错生长着两层浓密的长睫毛，就像一道防风墙，能将异物阻挡在眼睛外。

人类的睫毛也一样能阻止灰尘进入眼睛，只是没有骆驼的那么浓密。此外，人类眼睛上方的眉毛也是阻挡汗水从额头流入眼睛的一道屏障。

## 鳄鱼

鳄鱼待在水里的时间要比待在陆地上的时间长。泡在水里的时候，它只露出一双眼睛在水面上，这既隐藏了自己，又能窥探敌情。不过潜水的时候，它的第三眼睑就派上用场了。它的第三眼睑实际上是一层透明的膜（称为瞬膜），能在保护眼睛的同时让它看清水里的世界。

完全张开的瞬膜

微微张开的瞬膜

关闭的瞬膜（水下）

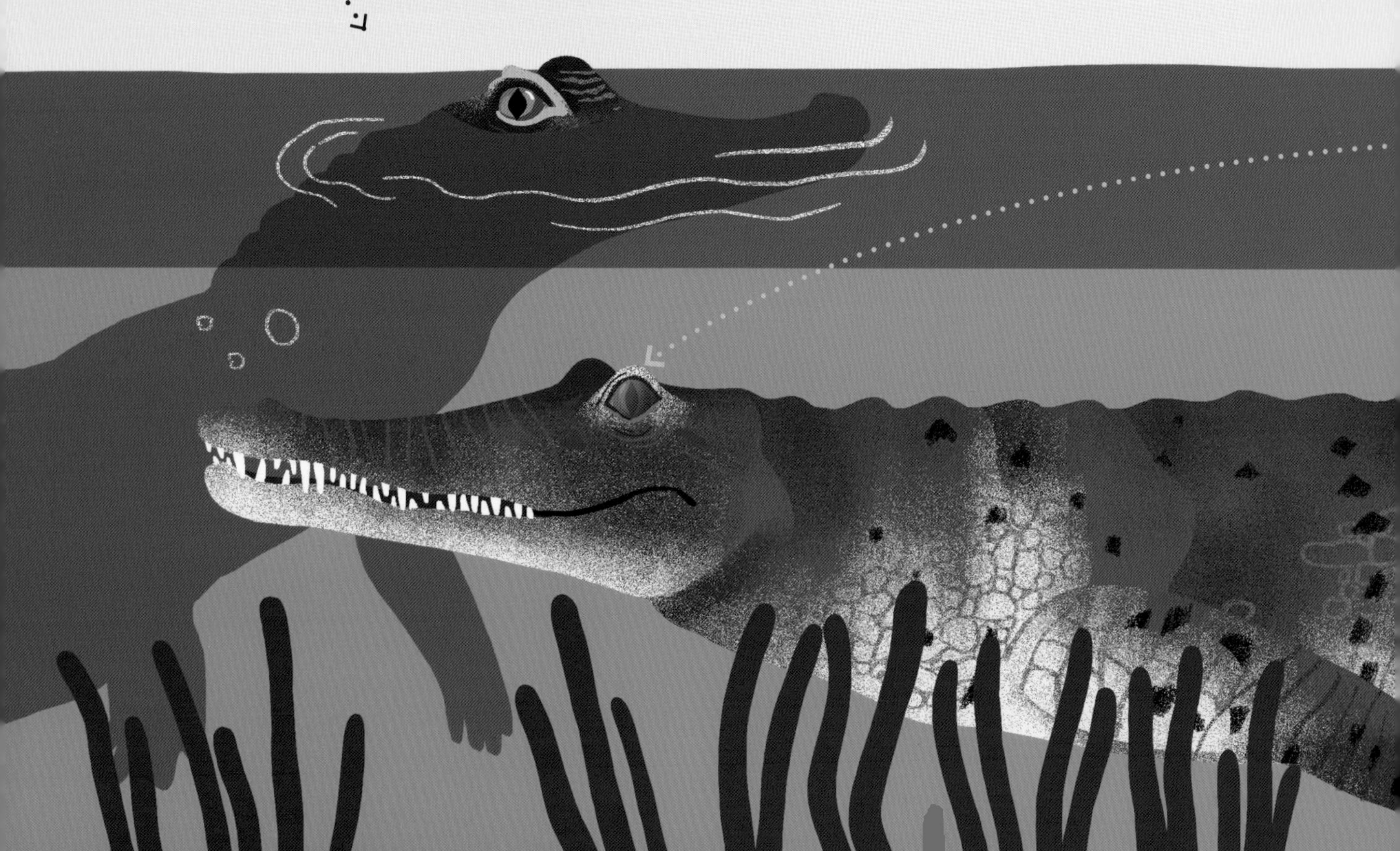

## 变色龙

变色龙的眼睑上下合在一起，将眼睛团团包住，但它的两只小眼睛仍可以独立地朝各个方向自由转动。

人类的上下眼睑约每 5 秒钟关闭一次，以保护眼睛免受过强的光线刺激，同时润湿角膜，避免眼睛干燥不适。

这就好比人类游泳时戴上了泳镜，再也不怕水进到眼睛里了。

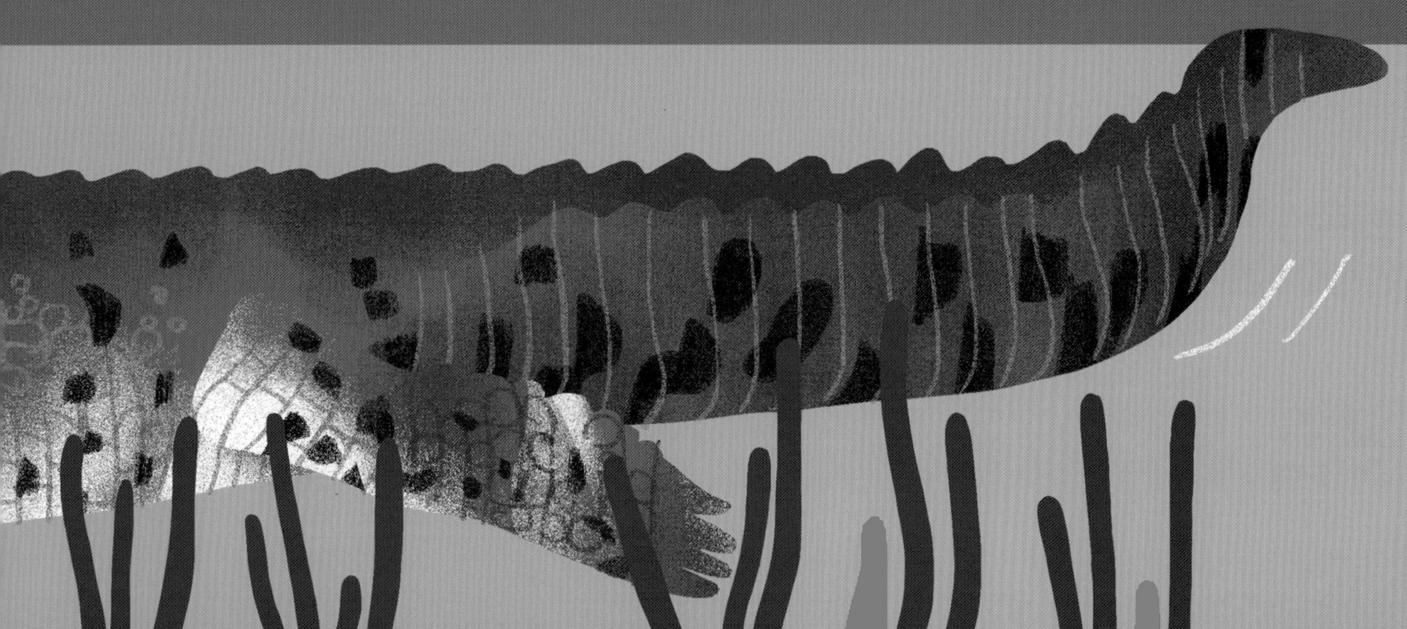

## 这些动物

# 瞳孔奇形怪状

*动物的瞳孔或呈圆形，或呈竖条、横条状，甚至还有锯齿状的。瞳孔形状不同，动物的生活方式也不同。*

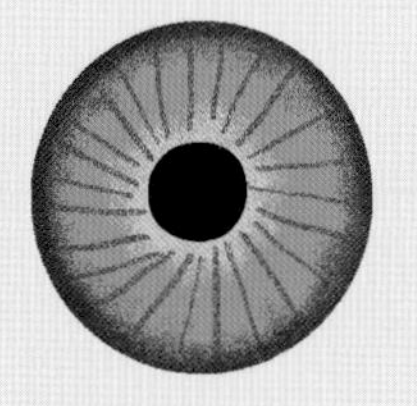
人类的瞳孔

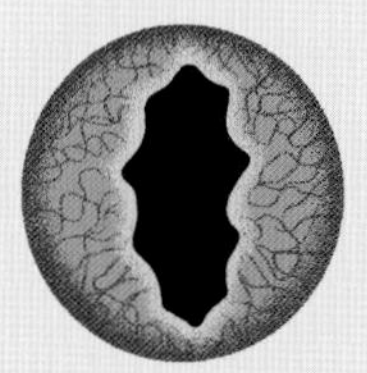
壁虎的瞳孔

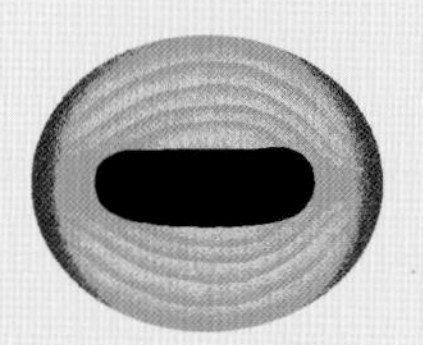
山羊的瞳孔

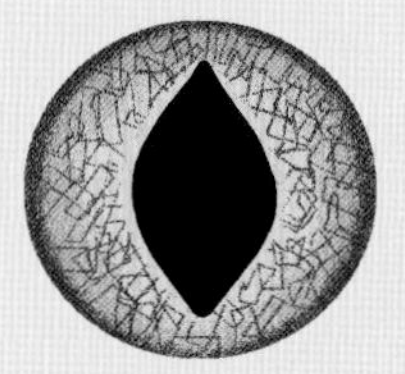
鳄鱼的瞳孔

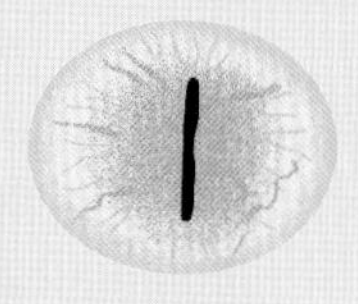
猫的瞳孔
（明亮光线下）

### 瞳孔

夜间捕食的动物的瞳孔通常是竖条状的。对猫来说，这让它的眼睛能忍受的光线，比人眼所能忍受的强 5 倍。对狐狸来说，竖瞳使它可以更加精准地观测前方，从而更准确地估计出伏击猎物所需要的距离，也就是说，它知道自己该保持多远的距离才能恰好扑住目标。

放大的瞳孔

缩小的瞳孔

瞳孔是位于虹膜中央的黑色小孔，它的作用是调节进入眼睛的光线量。光线太强的时候，瞳孔会缩小；反之，瞳孔就会扩大。

人类的瞳孔形状始终保持圆形，这是适应白昼生活的结果。

### 山羊

植食性动物的瞳孔通常是横条状的。比如，山羊需要时刻注意四周是否有危险靠近，横条状的瞳孔就起到了扩大视野的作用。此外，山羊的眼球能偏转超过 50°，当它低头吃草的时候，瞳孔始终与地面保持平行，这样它就能安心地吃草了。

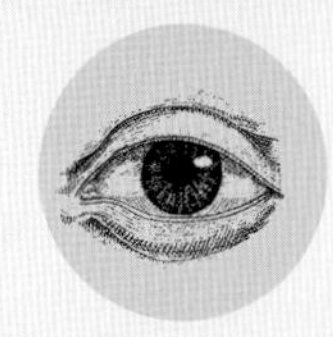

## 这些动物

# ····“高瞻远瞩”····

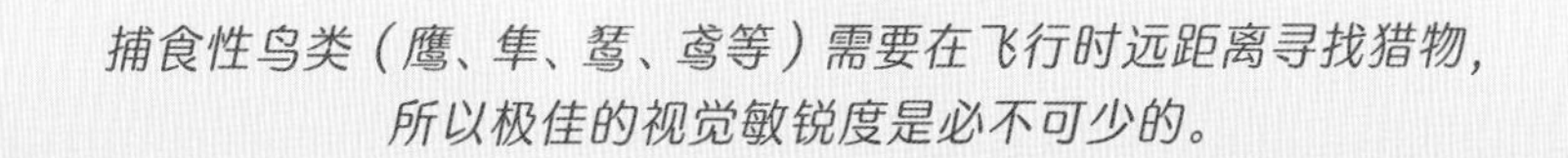

*捕食性鸟类（鹰、隼、鹫、鸢等）需要在飞行时远距离寻找猎物，所以极佳的视觉敏锐度是必不可少的。*

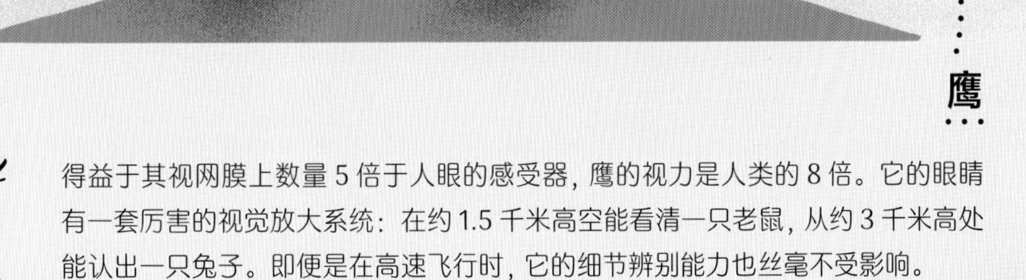

**鹰**

得益于其视网膜上数量 5 倍于人眼的感受器，鹰的视力是人类的 8 倍。它的眼睛有一套厉害的视觉放大系统：在约 1.5 千米高空能看清一只老鼠，从约 3 千米高处能认出一只兔子。即便是在高速飞行时，它的细节辨别能力也丝毫不受影响。

约 1.5 千米

约 3 千米

为了能看清不同距离的物体，人眼需要将光线聚焦在视网膜上成像。发挥成像作用的就是视网膜上感受器最多的区域——中央凹。不同于人眼，鹰的眼睛有两个中央凹，这就赋予了它看得远且看得准的能力。

人类的视野随速度的增大而变窄。静止的时候，我们大概有 180°视野；以 5 千米 / 时的速度移动时，我们的视野稍有缩小；以 30 千米 / 时移动时，视野下降至 100°；而速度提升至 100 千米 / 时后，视野将被限制在 45°。

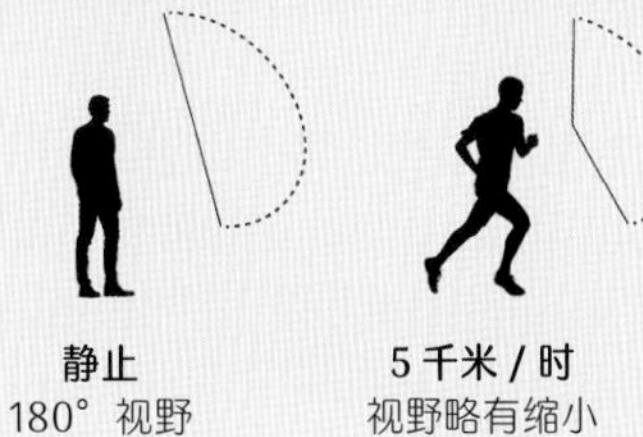

**静止**
180° 视野

**5 千米 / 时**
视野略有缩小

**30 千米 / 时**
100° 视野

**100 千米 / 时**
45° 视野

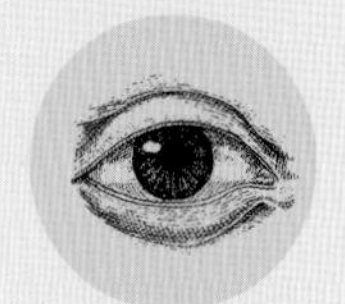

这些动物

# 眼睛位置有奥妙

*从动物眼睛的位置可以判断它们是捕食者还是被捕食者。*

## 捕食者

部分鸟类和猫科动物的眼睛是朝前的——它们都是捕食者。这样的眼睛位置也是与它们的捕猎生活相适应的。

### 老虎

老虎捕猎时会伏在暗处，一动不动，全靠一双敏锐的眼睛紧盯着猎物的一举一动。它的眼睛朝前，因而有更好的立体视觉。

人类朝前的双眼表明，我们也是捕食者。不过，虽然我们的视野足够宽阔，也不能与其他某些动物的视野相提并论。

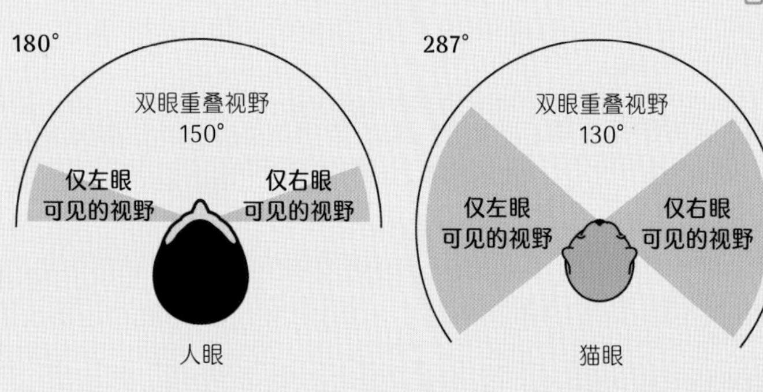


### 鵟（kuáng）

鵟是一种白天捕猎的猛禽。它的眼睛被固定在长长的眼眶中。这一限制使得它的双眼仅能看向同一方向，无法看到两侧的物体，但也因此能更好地聚焦、定位猎物。

同样是捕食者，人类的眼睛要比猛禽的眼睛灵活。我们的眼眶呈圆形，眼球可以更轻松地转动。借助眼球周围的肌肉，我们的眼睛可以向上看、向下看，以及向两侧看。

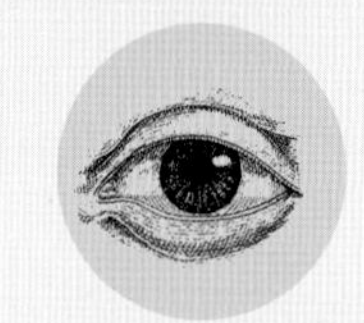

## 被捕食者

### 斑马

同许多植食性动物一样，斑马的眼睛位于头的两侧。它的单眼视力有限，不过整体的视野却很开阔。这让它能注意到伏击在两侧的捕食者，从而确定逃跑方向。

不过，眼睛长在两侧虽然便利，但因两眼隔得太开，容易造成前方的视野盲区，导致斑马看不到身前 1.2 米以内的物体。

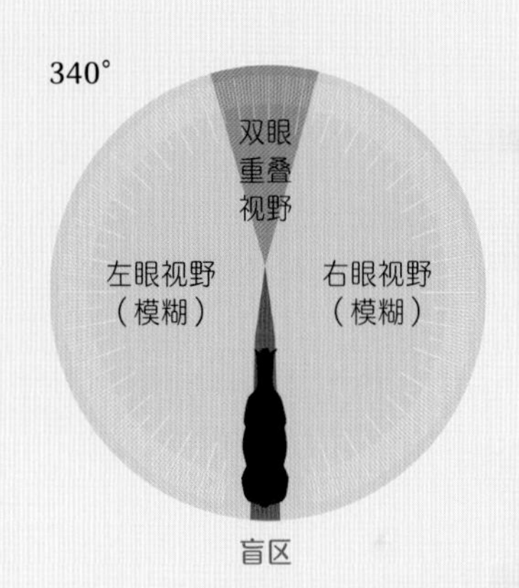

人眼的位置让我们能够看清正前方 25 厘米以外的物体。

### 比目鱼

但有些动物的眼睛位置并不遵循这个规律：双髻鲨明明是捕食者，双眼却相隔甚远；比目鱼既是捕食者也是被捕食者，双眼却长在身体的同一侧。

刚孵化出来的比目鱼在身体两侧各有一只眼睛。然而随着年龄的增长，它的身体逐渐变扁，其中一只眼睛开始向头的上方迁移，最终越过头顶到达身体对侧，与另一只眼睛并排在一起。

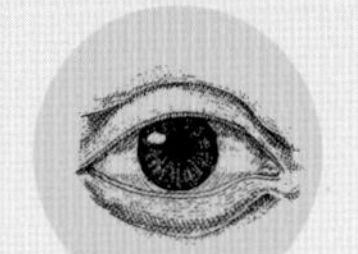

## 这些动物

# ····看到的颜色最多····

*由于视网膜上感光细胞的种类和数量更加丰富，鸟类除了能够辨别所有的可见光外，还能看到人类无法看到的一些色彩，比如紫外光，因而它们能更好地欣赏同类的羽毛。*

## 视网膜

视网膜上分布有数百万个被称为视锥细胞的锥状感光细胞，用于捕捉色彩。鸟类的视网膜上有 4 种视锥细胞，分别感知红色、绿色、蓝色和紫外光。

人眼的视网膜上具有视锥细胞，用于辨认颜色，不过前提条件是要有光！

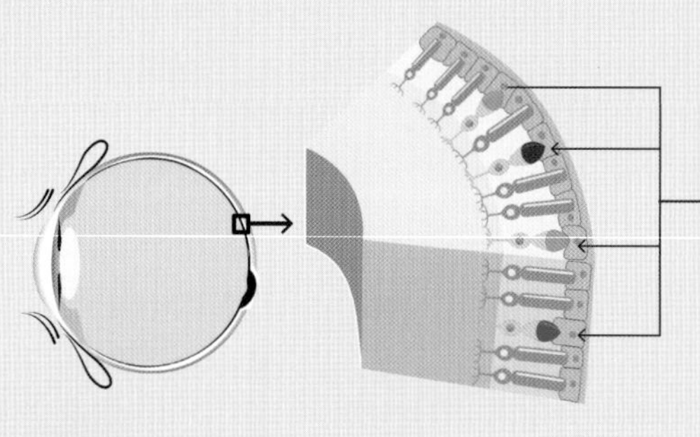

分别可以感知蓝色、绿色、红色的视锥细胞

人眼的视网膜上也有数百万个视锥细胞，不过分类上仅有 3 种，比鸟类的少 1 种。其中一些感知蓝光，一些感知绿光，其余的则感知红光。红绿蓝三色的组合足以保证人类能看到多彩的世界，不过像紫外光和红外光这样的色彩就不是人眼所能看到的了。

乌龟能看到蓝色、绿色和橙色。蜜蜂可以感知蓝色、绿色和紫外光，却看不到红色。

因为猫和狗的视网膜上仅有 2 种视锥细胞，它们对色彩的辨别能力就要比人类弱，仅能辨别黄色和蓝色。对它们来说，红色就是黄色和蓝色的混合色。

乌龟

狗

人类

蜜蜂

这些动物

# ····夜间视力超群····

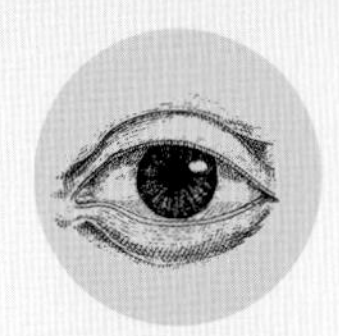

## 猫

猫有卓越的夜视能力，常在夜间活动、捕猎。它眼睛底部的视网膜上有上亿个与夜视相关的被称为视杆细胞的杆状感光细胞。视杆细胞仅对光线的强弱敏感。仅需极弱的光线，猫的视杆细胞就能被激活。视杆细胞能捕捉黑色、白色和灰色，却不能感知色彩。

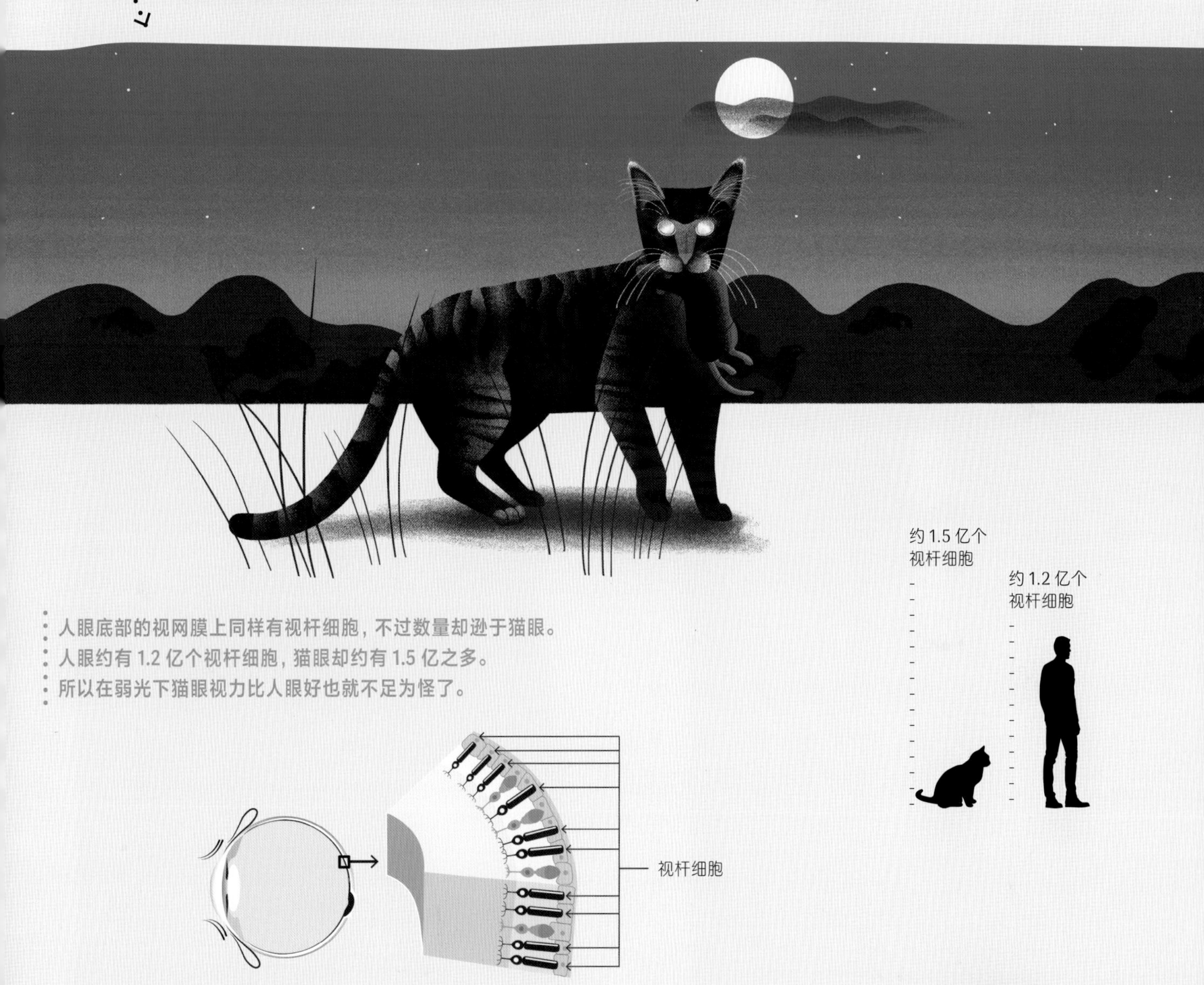


人眼底部的视网膜上同样有视杆细胞，不过数量却逊于猫眼。
人眼约有 1.2 亿个视杆细胞，猫眼却约有 1.5 亿之多。
所以在弱光下猫眼视力比人眼好也就不足为怪了。

猫之所以具有良好的夜视能力，还得益于其眼睛底部一种类似镜子的结构——照膜。它能将进入眼睛的光线再次反射到视网膜上，进而增强光线亮度。所以哪怕四周光线再微弱，猫也能辨清物体。

猫眼之所以在夜间会发亮，也是因为照膜的反光作用。

猫眼辨别物体所需的亮度
仅是人眼所需亮度的 1/6。

这些动物

# 视觉反应最快

*昆虫的眼睛需要快速捕捉和处理影像，以防与其他昆虫撞上，发生“交通事故”。*

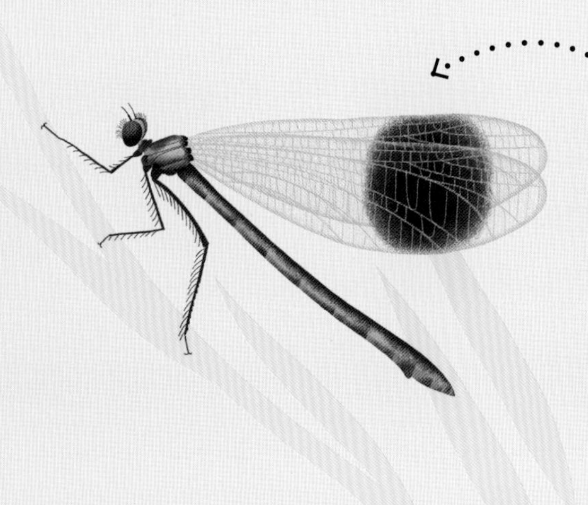

## 蜻蜓

蜜蜂的飞行速度约为 25 千米 / 时，而蜻蜓的速度能达到 54 千米 / 时。

动物的视力必须与移动速度相适应。所以具有飞行能力的昆虫通常有 5 只眼睛：其中 3 只（单眼）长在头顶，位于两根触角中间，仅对光的强弱敏感；另外 2 只眼睛（复眼）位于头两侧，由数以万计的小眼组成。

蜻蜓的每只复眼上分布着 3 万多个小眼。

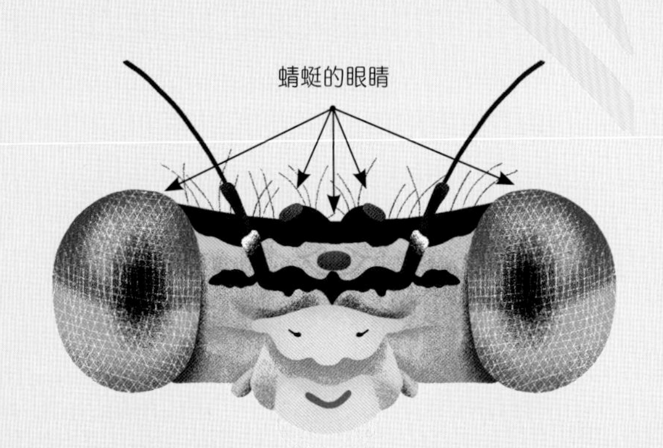

如果同比例换算到人身上，
相当于人的脑袋上
顶着两只直径 1.2 米的大眼睛！

蜻蜓的每个小眼上包含很多可以感知色彩和光线并形成彩色小像的感光细胞。每秒钟每个小眼可将几百个小像传递到大脑。之后，大脑迅速将它们拼凑起来，形成整体图像。

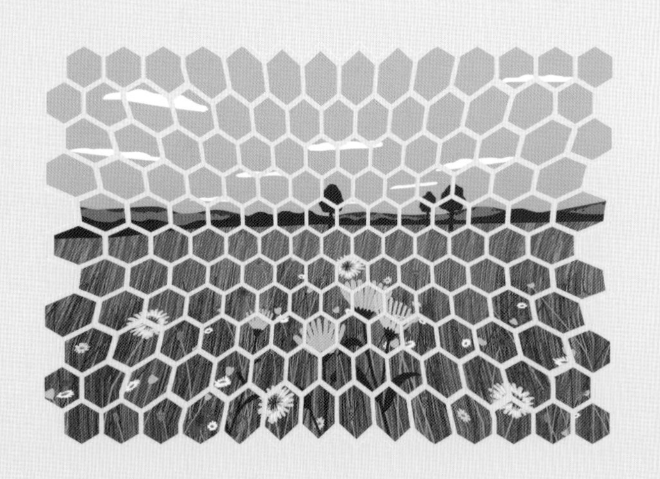

蜻蜓的复眼每秒钟向大脑传递约 200 幅图像。因此，蜻蜓能有效跟踪飞行中的猎物，不会跟丢。

人眼每秒只能向大脑传递 25 到 60 幅图像。正因为昆虫能比人类在更短的时间内探测到更多图像，所以人类很难徒手抓住昆虫。不过昆虫所看到的图像类似于马赛克拼图，在清晰度上要逊于人眼所看到的图像。

这些动物

# ····视觉能力强大得不可思议····

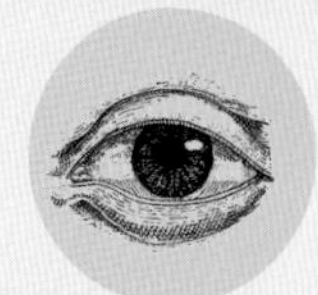

*许多海洋动物生活在形态多样、色彩绚丽的珊瑚礁中。*
*在漫长的进化过程中，*
*其中一些发展出了令人难以置信的视觉能力。*

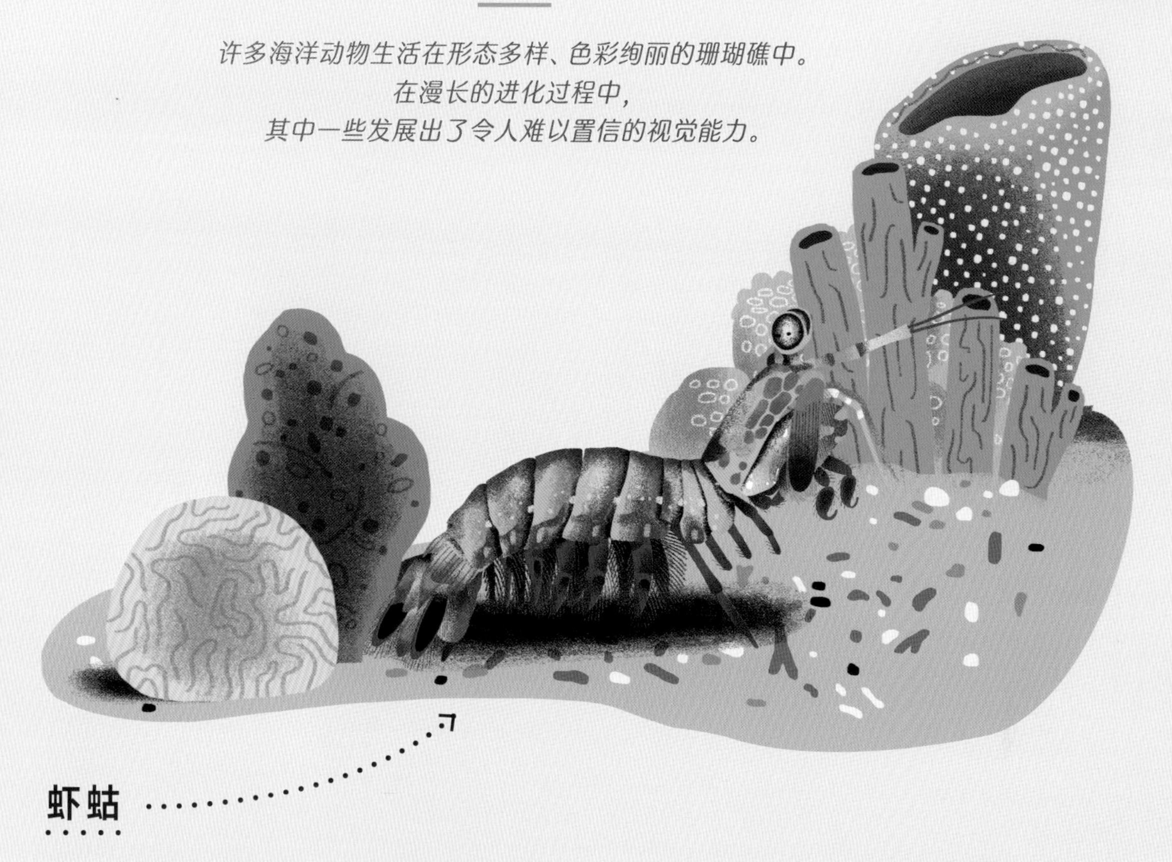

## 虾蛄

这种甲壳动物俗称螳螂虾，是齿指虾蛄科的一种，长约 15 厘米，形似龙虾。它躲在珊瑚礁中，靠敏锐的双眼捕食蛤蜊和其他甲壳动物。它的双眼又大又圆，长在头顶，每只眼睛都可以独立转动，具有 360° 视野。虾蛄仅需一只眼睛就能建立起立体视觉。

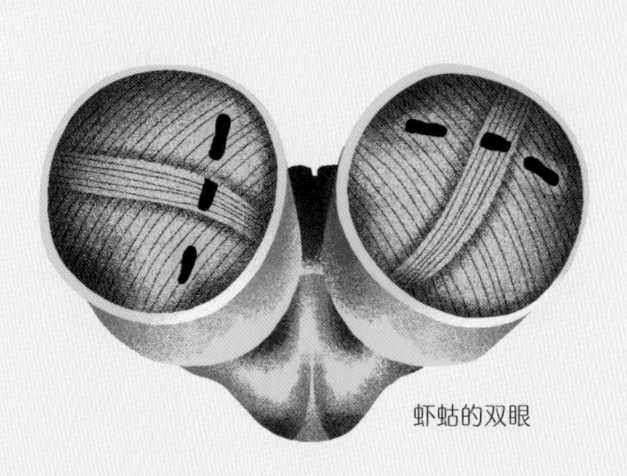

虾蛄的双眼

人类需要借助双眼才能建立立体视觉。

虾蛄的每只眼睛内有 3 个瞳孔，可以调节进光量，估算与猎物之间的距离，探测地形起伏。它的视网膜上具有 12 种感光细胞，可感知的色彩范围比人眼的更大——不仅能看到紫外光和荧光，还可以看到偏振光。

虽然人眼的功能不是动物界中首屈一指的，但在各个方面的表现都算是可圈可点。视觉也是人类五种感觉中最重要的一种。

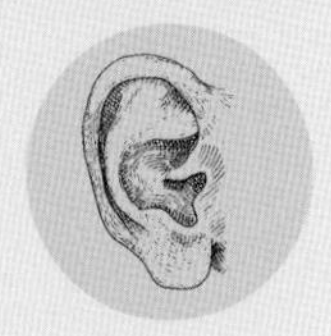

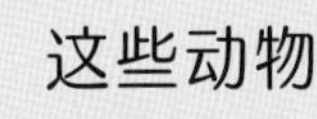

这些动物

# ····耳朵能被看见····

*哺乳动物是唯一“看起来有耳朵”的动物（一般来说，可以被看见的部分叫作耳郭，它和外耳道一起构成外耳。我们通常会把耳郭直接称作“耳朵”）。*

## 外形

耳郭的功能是收集声波并传递到外耳道。猫科动物的耳郭通常又短又尖。

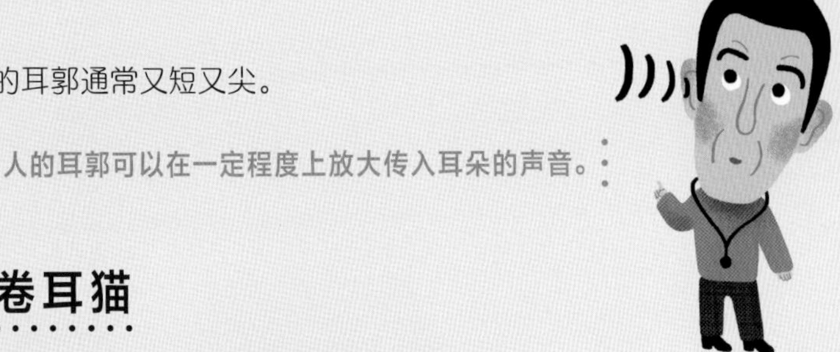

人的耳郭可以在一定程度上放大传入耳朵的声音。

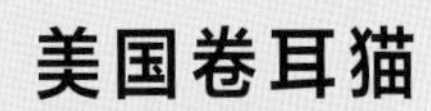

### 美国卷耳猫

美国卷耳猫在猫科动物里可谓别树一帜。它的耳朵圆圆的，朝后卷曲，看起来十分惹人怜爱。

人类的耳朵大小也因个体而异。
同指纹一样，每个人的耳朵形状都不同。

德国牧羊犬

猎狐梗

狗的耳朵形状因种类而异，
有尖的有圆的，有竖直的也有弯折的。

### 骑士查理王猎犬

有些狗的耳朵之所以能直直竖起，是因为有足够的软骨支撑。有些品种（比如骑士查理王猎犬）的耳朵则是下垂的，因为它的耳朵仅在基部有软骨，其余部分都是皮肤。

人的耳朵除了耳垂外，其余部分都含有软骨。

## 活动性

借助耳朵周围的几块小肌肉，多数哺乳动物都能使耳朵转动180°。猫的双耳甚至可以互不干扰，独立活动——一只向上竖起的同时，另一只可以向下耷拉，因此猫能听到不同方向的声音。

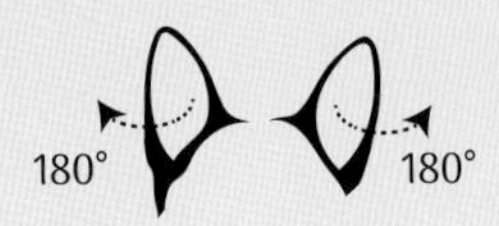


我们的耳朵基部也有肌肉，只不过太过纤弱了。

## 大小

动物的耳朵大小通常与它们的生活环境相关。

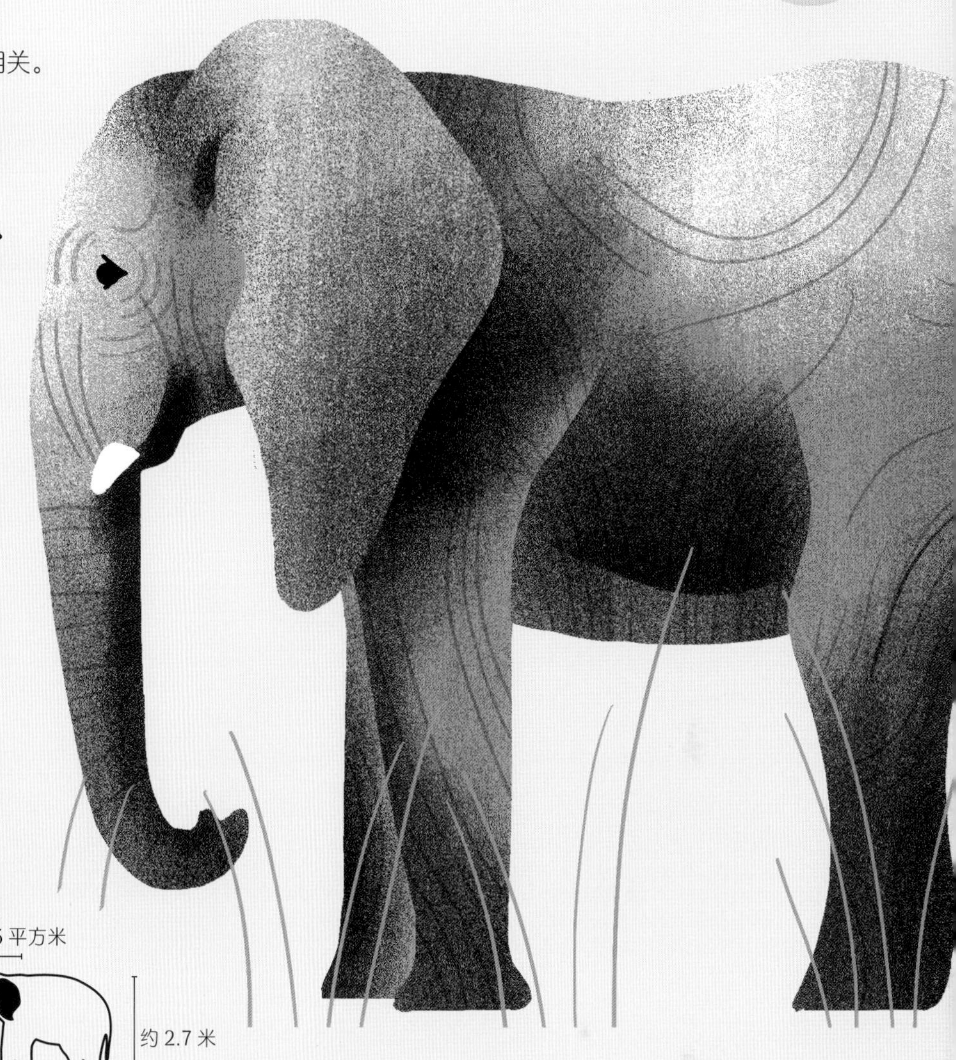

### 非洲象

非洲象是陆地上体形最大的哺乳动物，它身高约有 3.5 米，一只耳朵约有 2 平方米那么大。

它生活在非洲干旱的热带大草原上，大大的耳朵可以帮助其散热。它的近亲亚洲象的耳朵相对较小，因为亚洲象生活在相对凉爽的森林里。况且，如果耳朵太大，在树林和植被茂密的地带行动起来恐怕也不太方便。

约 2 平方米

约 3.5 米

**非洲象**

约 0.5 平方米

约 2.7 米

**亚洲象**

### 大耳狐

如其名所示，大耳狐长着大大的耳朵，又因为耳朵形状像蝙蝠翅膀一样，它又被叫作蝠耳狐。别看它体长仅约 56 厘米，它的耳朵却大约有 13 厘米长。

同象一样，大耳狐的耳朵也是帮助其散热的。不过它还有个超能力：能够听到躲藏在地底下的白蚁和甲虫的动静，它们可是大耳狐最爱的美食。

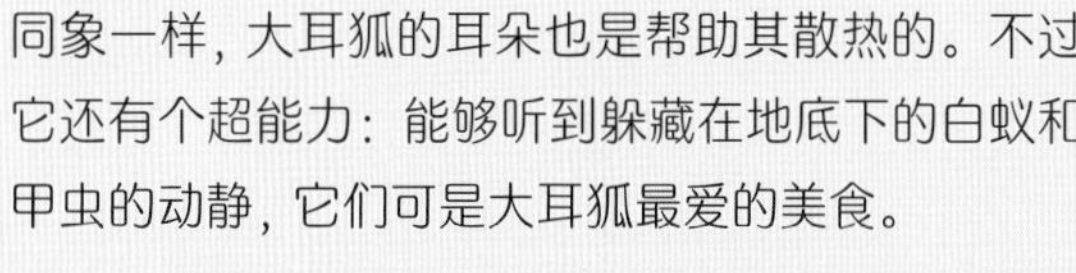

**如果同比例换算到我们人类的身体上，相当于我们长着约 40 厘米长的巨型耳朵！**

**人类的耳朵平均长约 6 厘米，宽约 3 厘米，而且还能以每年 0.22 毫米的速度持续生长。**

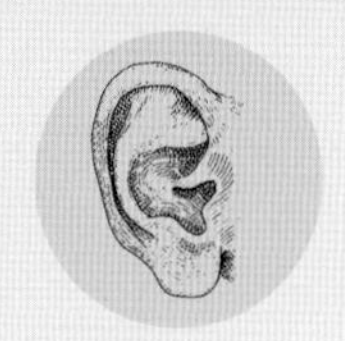

这些动物

# 耳朵位置真奇怪

*长久以来，我们都以为昆虫是没有听觉的。*
*这种猜测毫无道理——既然它们会弹奏爱的乐曲，必然需要听到爱人的回应啊！*

## 鸣虫

蝉、蟋蟀和螽（zhōng）斯的听觉器官仅有人类的1/60那么大，而且还藏得很隐秘。

### 蝉

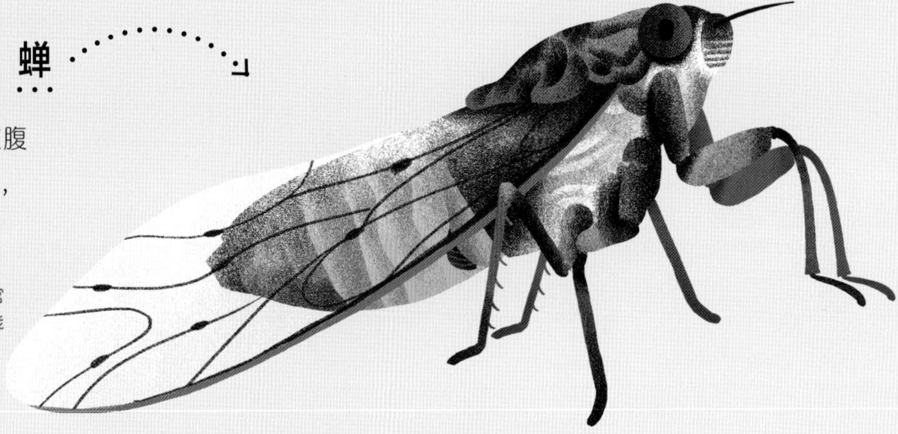

蝉的鼓膜器[1]没长在头上，而是在腹部的一个空腔里，空腔内有发音器，能形成共鸣。

1 鼓膜器是蝉、蟋蟀、螽斯等昆虫听觉器官的一种，它与人耳中的鼓膜在听觉机制和功能上都十分类似。——编者注

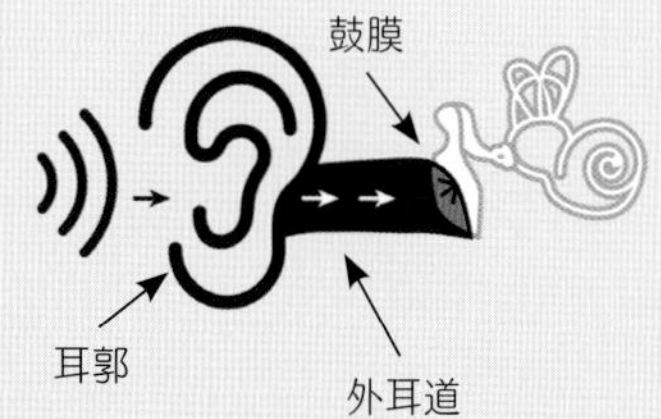


人类的鼓膜位于外耳道的最深处，将外耳道与中耳隔开。
它是一层薄薄的膜，就像我们敲的鼓上那层鼓皮一样。
当声音"敲打"鼓膜的时候，鼓膜带动中耳内的3块听小骨一起振动，从而将声音放大。

### 螽斯

螽斯的鼓膜器薄薄的，位于前腿"膝盖"（胫节）基部。

声音通过位于身体各处的孔传人身体，进人腿部，引起鼓膜器的振动。这样，螽斯就能听到同伴发出的声音了。

惊人的远不止于此。为了避免被干扰，每对螽斯夫妇还有各自独特的振动频率。

声音不仅有强有弱，还可以是尖锐或低沉的，这就涉及频率问题。频率的测量单位是赫兹。人的耳朵能听到频率从20赫兹（最低沉）到2万赫兹（最尖锐）的声音。

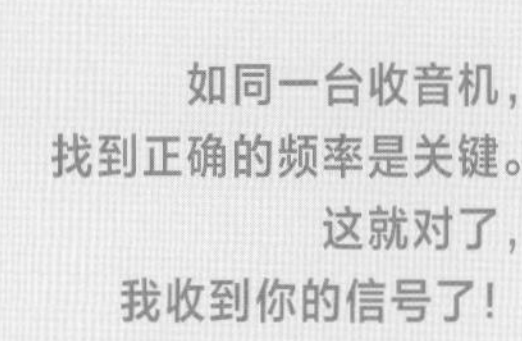

如同一台收音机，找到正确的频率是关键。这就对了，我收到你的信号了！

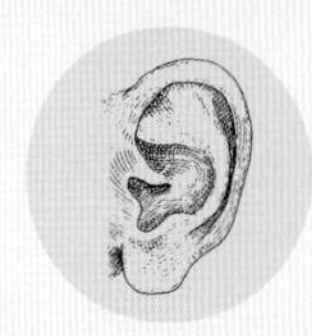

这些动物

# 耳朵构造最精简

*两栖动物和鱼类没有外耳，它们的听觉器官往往也极其简单。因为在自然选择的过程中，只有那些必不可少的身体部件才会被保留下来。*

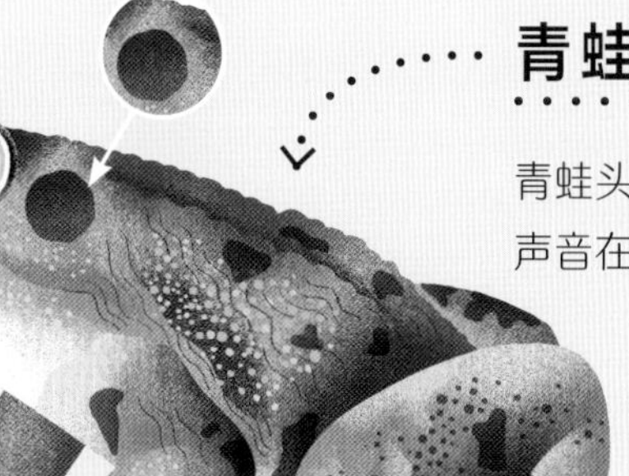

## 青蛙

青蛙头的左右两侧各有一个耳孔，通向包含鼓膜和听小骨的中耳。声音在青蛙耳朵中的传播路径跟在人耳中的差异不大。

3 块听小骨
锤骨
砧骨
镫骨

声音传入引起鼓膜振动，3 块听小骨（锤骨、砧骨和镫骨）随之振动，从而将声音传入内耳。

加德纳蛙

约 1 厘米

在塞舌尔群岛的热带森林里，生活着一种奇怪的青蛙，它身长仅约 1 厘米，没有外耳，没有耳孔，没有鼓膜，也没有听小骨。它就是加德纳蛙。想要听到声音，它必须张大嘴巴，因为口腔就是它的扩音器，不过，只有足够大的声音才能传到其内耳。

最为关键的听觉器官是耳蜗，它位于内耳中。耳蜗形如蜗牛壳，里面具有几千个异常敏感的毛状声音探测器——听觉毛细胞。它们随着声音的振动起伏波动，并将声音转化为大脑可接受的信号传递给大脑。

## 鲨鱼

跟其他鱼类一样，鲨鱼既没有外耳或耳孔，也没有中耳。然而它发展出了两个与生活环境相适应的听觉机制，使其能在大海中听到声音。

借助位于身体两侧的听觉感受器——侧线，鲨鱼能听到低频率的声音；高频率的声音则直接穿透头骨，到达内耳。正因如此，鲨鱼能听到 20 千米以外的声音。

声音在水中的传播速度是在空气中的 4 倍。

20 千米

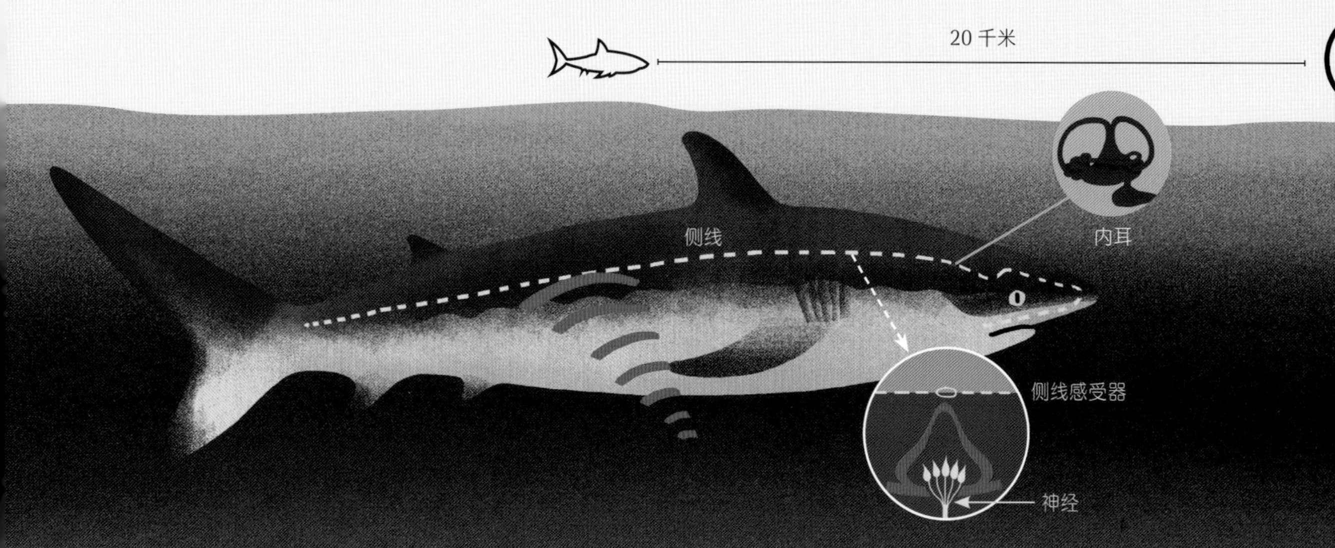

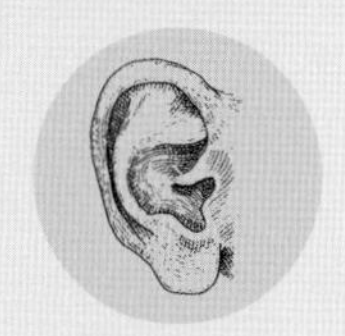

这些动物

# 能听到次声波和超声波

*听到别的动物听不到的声音，这对捕食、自保以及在黑暗中定位都大有裨益。*

## 超声波

人耳能听到的声音频率有一个上限。超过该上限，对人类来说就是一片寂静。不过对于某些动物却是另一回事。有的动物能听到非常尖锐、被称为超声波的声音。

奇怪，这狗哨[1]怎么没声呢？

1 狗哨是一种特殊的口哨，因其频率高于人耳可接收的范围，人类一般听不到，但狗狗可以听到。——编者注

### 蝙蝠

蝙蝠生活在黑暗的洞穴中，是一种夜行性动物，具有在黑暗中定位的能力。它能发出超声波，并接收碰到障碍物反射回来的声波，即回声。蝙蝠的耳朵能够判断回声的方向和位置，并以此定位，不让自己撞到障碍物。蝙蝠也是以此方法判断猎物躲藏在哪儿的。

### 大蜡螟

大蜡螟是蝙蝠的猎物之一。不过面对捕食者，这个小小的昆虫并非毫无对策。它的鼓膜能捕捉高达30万赫兹的尖锐声音，使其成为“超声波之王”。这一能力给了它躲过捕食者的机会。

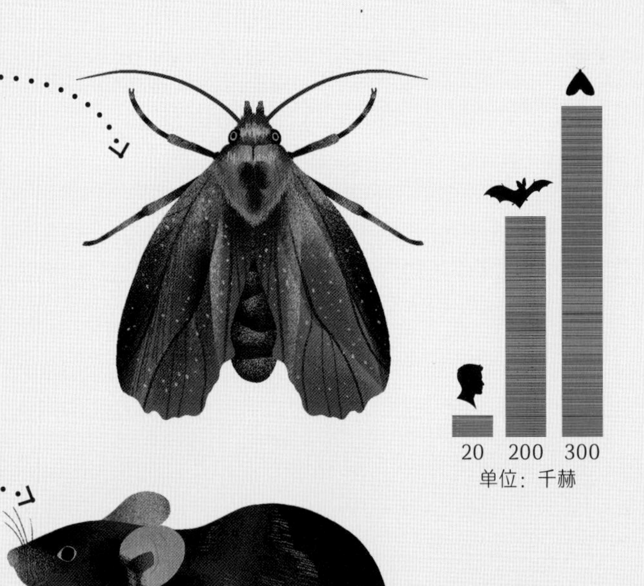
20
200
300
单位：千赫

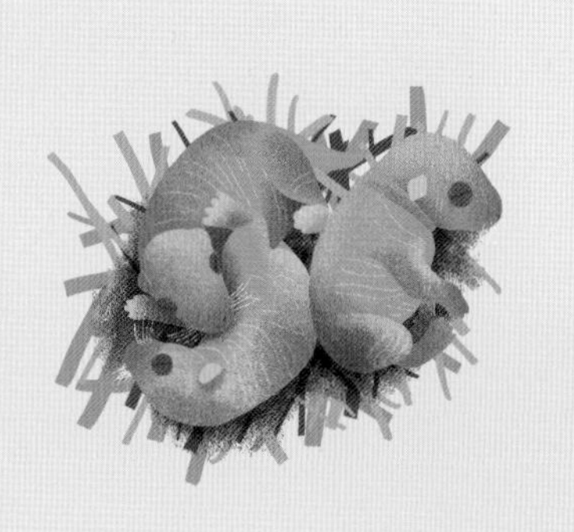

### 老鼠

老鼠妈妈出去找食物的时候，小老鼠常被单独留在洞里。遇到危险时，它们会发出只有妈妈才能听到的特定频率的超声波，呼叫妈妈来救援。

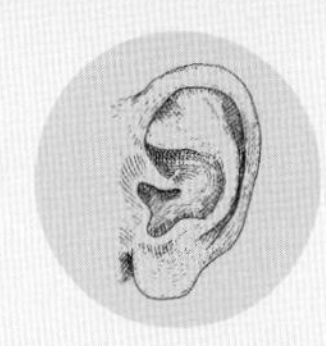

# 次声波

## 蓝鲸

蓝鲸是体形最大的海洋哺乳动物，成年个体体长约 30 米，体重可达 190 吨。它们不像海豚那样群居，而是彼此远离，相隔数千米独自生活。但这并不妨碍它们互相通过声音远程“聊天”。它们发出的声音极其低沉，其中还包括次声波。次声波的优势就在于能够远距离传播。

因此，尽管两头蓝鲸相隔甚远，它们也能“结伴”同行，在几分钟内交换关于食物或行进路线的信息。

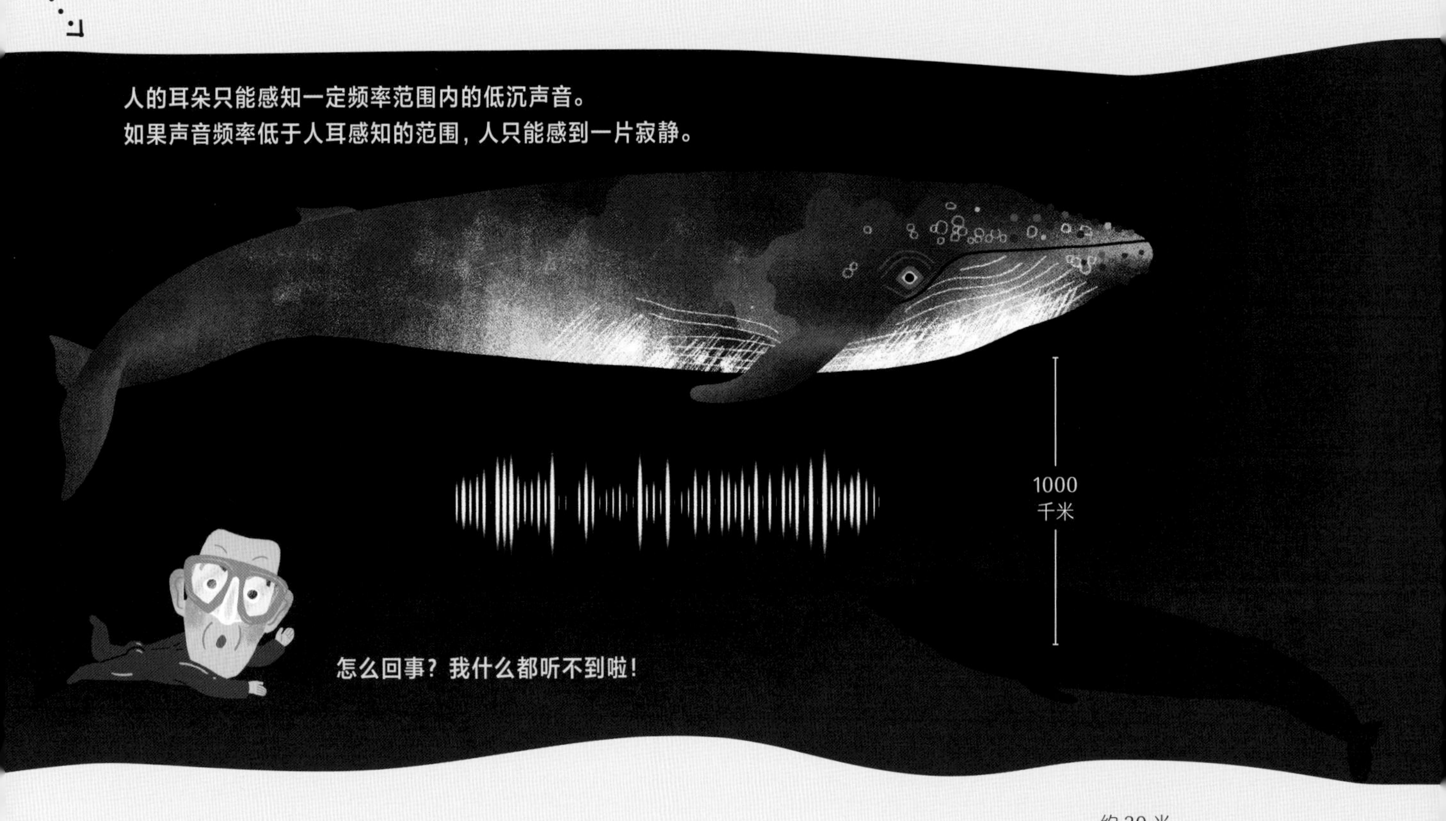

人的耳朵只能感知一定频率范围内的低沉声音。
如果声音频率低于人耳感知的范围，人只能感到一片寂静。
1000
千米
怎么回事？我什么都听不到啦！


鲸在水里可以听到远在数百甚至上千千米外的次声波。
它每年游动的路程长达 2 万千米。

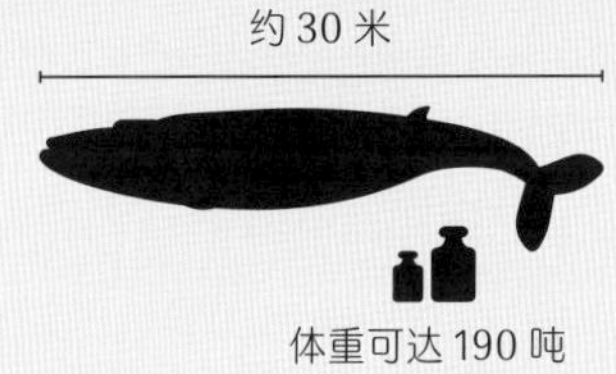


鲸之所以能听到次声波，是因为它的耳蜗中感受器的数量远远超过人类。
而且，其中一些感受器还在特定的位置，以便更好地捕捉次声波。

耳蜗中的感受器越多，对低频率或高频率的声音就越敏感。

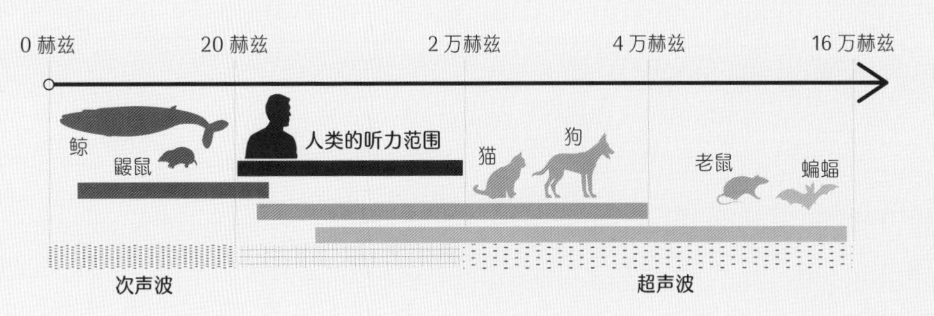

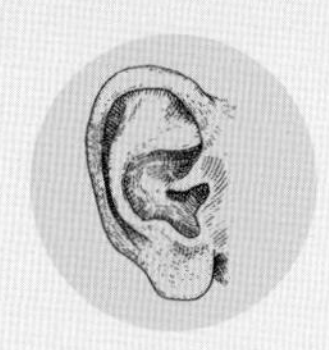

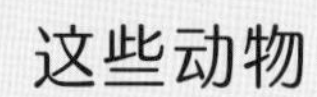


# 耳朵具有保护系统

*有些动物能够保护耳朵不受环境剧烈刺激，从而保护自己的听力。*

## 防尘系统

### 驴

驴和很多其他哺乳动物一样，外耳内都长有朝向耳朵内部的毛，这些毛既能有效地过滤声音，又能阻挡灰尘或昆虫之类的异物进入耳朵。

我们人类也一样，
外耳道中长有细密的毛，起到过滤的作用。
这些毛发随年龄增长而变长。
因此，我们常能看到爷爷奶奶辈的老人
耳朵里有长长的毛。

## 防噪系统

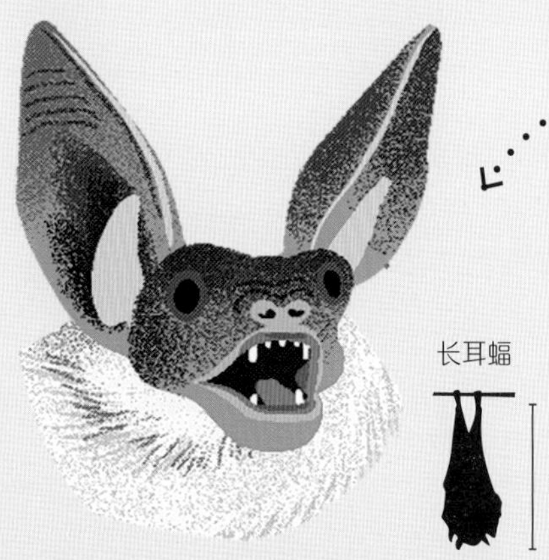


### 长耳蝠

长耳蝠是一种体形很小的蝙蝠，身长约 4 厘米。

它有一对大耳朵，并在外耳道入口处长有一对“副耳”。实际上，这是一种保护性软骨组织，我们称之为耳屏，它能在一定程度上减轻过强或过于尖锐的声音对内耳的刺激。

人类的耳屏 →

长耳蝠的耳屏

人类的耳屏非常小，已经基本失去了保护作用。
作为补偿，我们中耳听小骨处有两块小小的肌肉（鼓膜张肌和镫骨肌），
它们在噪声过大的情况下会条件反射性地收缩，
从而减弱声音的传播，保护内耳。

声音的强度用分贝作为单位。
高于 80 分贝，声音开始让人不适。
达到 100 分贝，则是有害噪声，会使人听力受损。

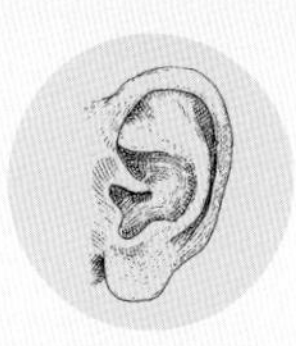

## 防水系统

有些动物在潜水时能够关上耳朵来保护鼓膜不受水压损伤。

### 海豹

海豹是少数没有耳郭的哺乳动物之一，它仅仅有两个耳孔。海豹大部分时间都在水下捕食鱼类和甲壳类动物。因为常常需要潜到水下几米深处，为了保护鼓膜不被水压损伤，潜水时它会借助耳朵周围的小肌肉封闭耳孔。

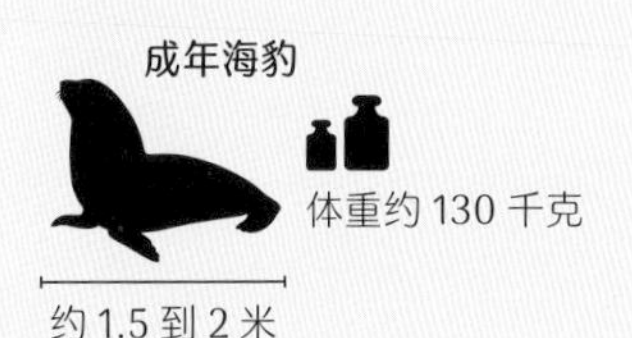

我游泳时，真想随心所欲地把耳朵堵上啊！

### 河狸

这种胖乎乎的啮齿动物既是伐木工，也是建筑师。它在河上建巢，以保护家人、躲避敌害、储存食物。只有潜入水下，它才能游进相对干燥的巢室。白天，它需要不停地在岸上与巢室间往返。为了避免潜水时伤到鼓膜，下水时它耳朵旁的皮肤可以折叠起来，把耳孔堵上。

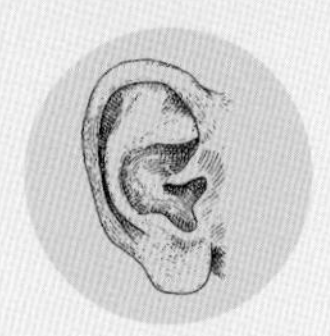

这些动物

# ····听力最好····

*鸟能听到声音可不仅仅是为了方便交流。*
*夜行性猛禽是可怕的捕食者，它们具有适于捕猎的听觉器官，任何动静都逃不过它们的耳朵。*

## 仓鸮（xiāo）

### 声音的定位

仓鸮在夜间靠听觉确定猎物的位置。它头两侧的羽毛下藏着两个耳孔，耳孔上有小的肌肉褶，能够扩大耳道以便听得更加清晰。

仓鸮的两个耳孔不对称，一个向上开孔，一个向下开孔，这样它就可以在伏击前判断老鼠是在高处的树枝上，还是在低处的地面上了。

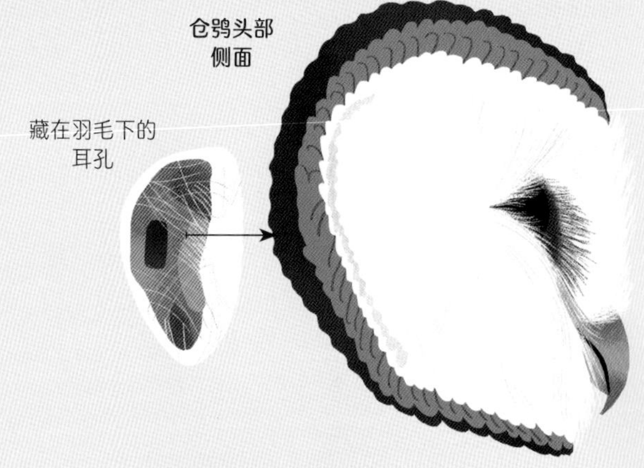


### 声音放大器

仓鸮头部的羽毛排成一圈弧线，能够收集声波，并将声音反射到听觉器官的方向。这种弧线结构也能将寂静黑夜里的微弱声音放大，因此即使是 3 千米远处老鼠的心跳声，仓鸮也能听到。

仓鸮的听力精准度是人类的 10 倍。
我们的耳朵能听到 4 米外的微弱声音，但这个声音需要达到一定的响度。

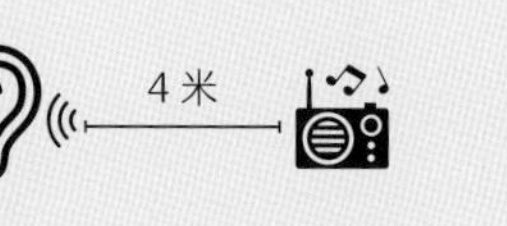
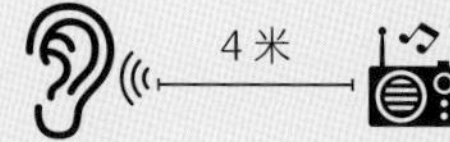


### 听力修复系统

仓鸮绝无可能变成聋子，因为它的听力不会随年龄增长而下降。仓鸮耳蜗内的听觉毛细胞断裂后，会重新长出新的来替代。

人类耳蜗内的听觉毛细胞会随年龄增长或者强噪声的刺激而老化。
而且一旦受损，不可修复。

这些动物

# 耳朵是摆设

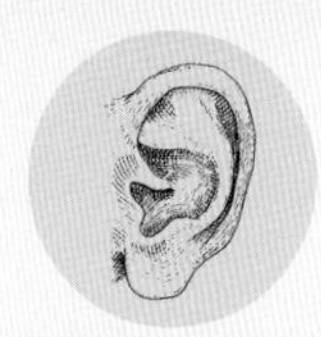

*有些动物的听力特别差。这种情况下，它们会用其他感官来弥补，以更好地适应环境。*

## 蛇

因为只有内耳，蛇几乎听不到空气中传播的声音。但它的爬行能力让它独辟蹊径，发展出了通过地面振动感知声音的本领。

当猎物在沙地上前行时，会不可避免地产生振动。蛇将头伏在地上，靠下颌捕捉这些振动，再将振动传至内耳。不仅如此，它的下颌还分为左右两部分。它先将右下颌贴近地面，然后才是左下颌。这样大脑就能接收到两次声音信号，便于更好地定位猎物。所以，蛇听到的可是立体声呢！

人类听到的也是立体声。我们的两只耳朵都能捕捉声音，然后借助大脑确定声音的来源。通常，来自右侧的声音要比来自左侧的更快到达右耳，大脑可以据此判断声音是从右边来的。

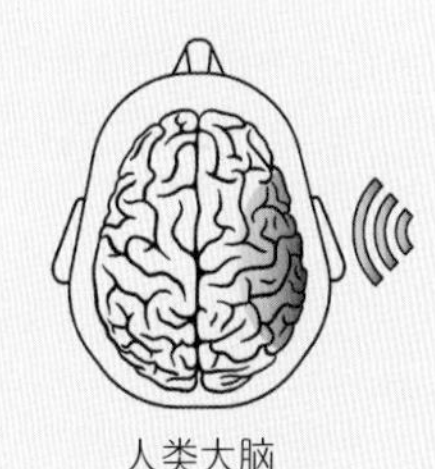

人类大脑

## 蜗牛

在所有动物中，要数蜗牛最耳背。它既没有外耳，也没有内耳，对声音几乎没有反应。

听觉是人类五种感觉中第二重要的感觉。尽管不及一些动物的听觉那么发达，但我们的耳朵依然能辨别 30 多万种声音，这样看来也很不错哦！

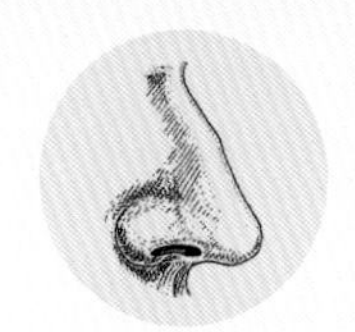

这些动物

# ····嗅觉超群····

*气味虽然不可见，但其威力却是巨大的。*
*有些动物认识世界靠的不是眼睛，而是鼻子。嗅觉也是它们各种感觉中最发达的。*

## 嗅觉

具有嗅觉意味着可以分辨不同的气味。具体机制如下：对于绝大多数动物来说，气味通过鼻孔到达嗅黏膜，嗅黏膜上的嗅觉感受器收集并将气味传导至嗅球，再将信号发送到大脑进行鉴别。

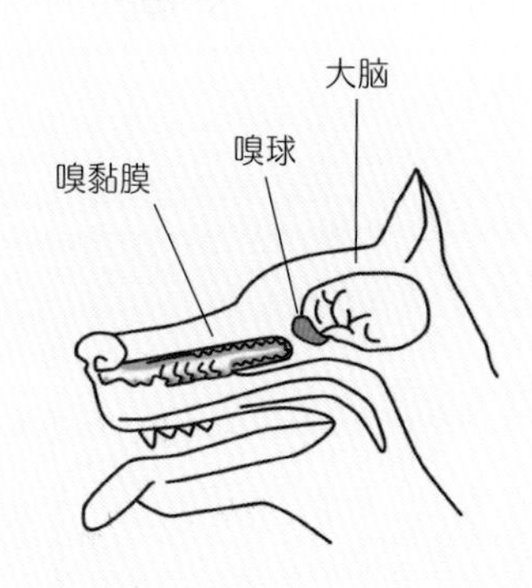

## 犬科动物

### 圣休伯特猎犬

狗的鼻子似乎一刻也不会离开地面，它们总是不停地嗅来嗅去，寻找气味，在它们看来，说不准哪个气味就是同类留下的信号呢！

气味是圣休伯特猎犬确定伴侣的一种手段。圣休伯特猎犬甚至还能循着气味，找到自己曾经藏起来的骨头。圣休伯特猎犬的嗅觉在狗狗的世界里可是首屈一指的！

人类的嗅觉工作原理也是如此。不过我们的嗅黏膜大小如一枚邮票，只有 2 平方厘米，而狗的嗅黏膜面积有 100 平方厘米。正因如此，狗的嗅觉远超过人类。某些品种的狗，鼻子里嗅觉感受器的数量是人类的 30 倍。

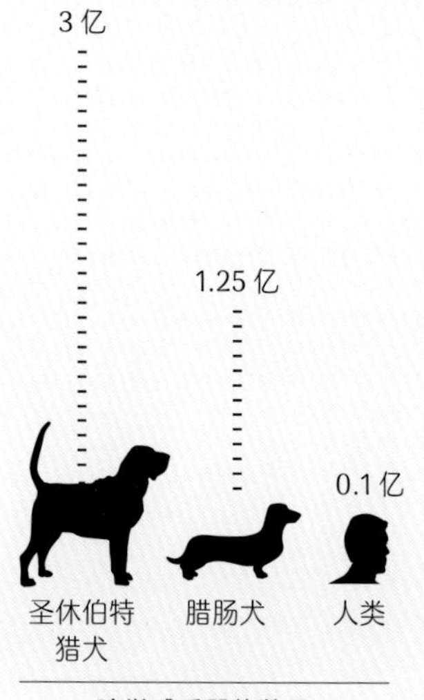


### 法国斗牛犬

不同品种的狗，嗅觉敏锐度也不一样。这在某种程度上与鼻子的大小相关。比如，法国斗牛犬比圣休伯特猎犬的鼻子短小，嗅黏膜面积也更小，所以嗅觉也略差些。

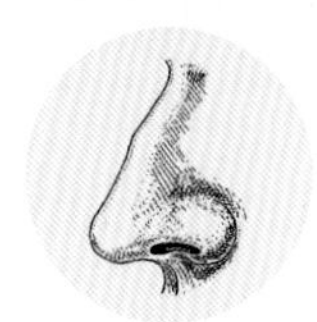

## 啮齿类动物

啮齿类动物（如老鼠、豚鼠等）的吻部小而尖，两个鼻孔的间距只有 3 毫米。别看它们鼻子这么小，嗅觉却远比人和狗发达。

### 老鼠

同其他群居动物一样，老鼠靠气味互相辨别。每只老鼠都有自己独特的气味，作为自己在族群中的标志。

老鼠靠鼻子能嗅到多种不同的信息。比如，有时候同伴的尿液会告诉它：这个食物真好吃。

气味好比会员卡！

老鼠之所以嗅觉比人类的好，是因为它们的鼻子里隐藏了一个秘密武器——犁鼻器。它能感受到其他个体所发出的特异气味，即信息素。包括人类在内的多种动物都有犁鼻器，只是我们人类的犁鼻器随着年龄增长逐渐退化了。

老鼠的嗅觉对生存至关重要。多亏了嗅觉，它才能辨别自己是否踏入了猫的地盘，或者垂涎的美食是否已经变质。

人类的嗅觉也能起到预警作用。蛋糕散发的甜美香味让人口水直流，而烧焦、烤煳的气味则会让我们感到不适。

这些动物

# 长着象鼻子

*对很多哺乳动物来说，长长的鼻子往往意味着敏锐的嗅觉。*

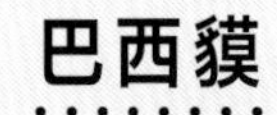

## 巴西貘

巴西貘是南美洲个头最大的野生陆地哺乳动物，生活在热带森林里靠近水的地方。它的鼻子像一个短短的象鼻，嗅觉发达，一定程度上弥补了视力低下的不足。多亏了灵敏的鼻子，它才可以嗅到美洲豹的气味。巴西貘还能用鼻子将自己爱吃的植物与其他植物区分开，要不然，它很可能会误食有毒的植物。

鼻子长约 15 厘米

约 2 米

## 象

象拥有动物世界里最长最重的鼻子。它的鼻子长约 2 米，重约 100 千克。象鼻上有 4 万块肌肉，这让象可以灵活自如地操纵自己的鼻子，朝各个方向捕捉气味。象的嗅觉灵敏度是狗的 2 倍，人的 5 倍。

鼻子长约 2 米

鼻子重约 100 千克

正因为嗅觉灵敏，象能嗅到几千米以外成熟果实散发的气味，能凭借嗅觉找到水源，与象群会合。它还能嗅到危险，甚至能区分来者是捕猎者还是普通农民。

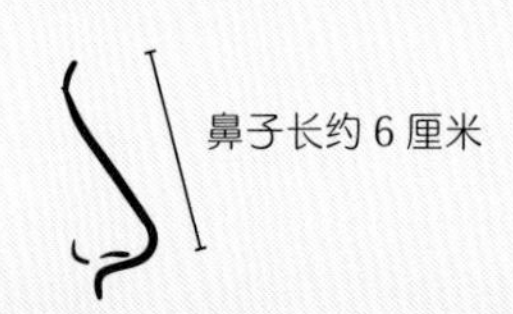


人类的鼻子平均长度约 6 厘米，最长纪录为 8.8 厘米。

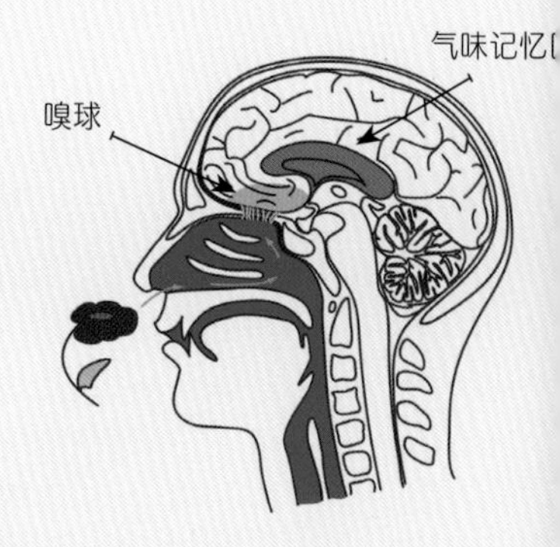


人类不同个体间的嗅觉差异与鼻子的大小无关，而是与气味记忆相关的脑区有关。我们的鼻子捕捉气味，大脑负责分辨它们并将其存储在记忆库里。

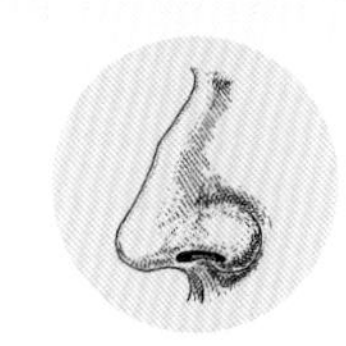

这些动物

# ····长着猪鼻子····

*我们所说的猪猡鼻、朝天鼻，通常是指有着两个圆鼻孔的扁平鼻子。其实这种鼻子并不是猪所特有的。有些动物，如鹿豚、猪獾、猪鼻龟，也有这样的“猪鼻子”。*

## 鹿豚

鹿豚的朝天鼻使它具有如狗鼻子一般灵敏的嗅觉。此外，扁平的鼻子还另有优势：可以贴近地面嗅闻气味，寻找它爱吃的松露、南瓜和蚯蚓。

猪鼻子上有圆盘状的软骨，还有一块方形的骨头（吻骨），发生撞击时，它们能起到缓冲保护作用。正因如此，野猪可以像推土机一样高效铲土而不受伤。猪科动物是哺乳动物中唯一一种鼻子上具有保护性骨头的动物。

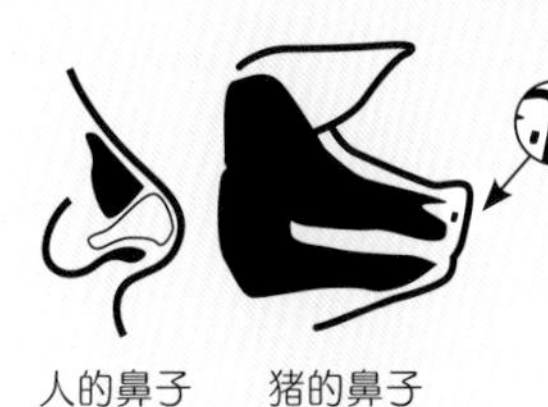


人的鼻子上段由细小的骨头组成，但下段主要由软骨构成，因此摸起来软软的。

## 猪鼻龟

如其名所示，猪鼻龟长着一个“猪鼻子”，不过它可不是猪，而是爬行动物。猪鼻龟属于淡水龟，主要生活在新几内亚和澳大利亚的淡水湖里，成年个体体长约 55 厘米，重约 20 千克，四条腿呈鳍状。

猪鼻龟爱吃虾、蜗牛、虫子、水果等。它的猪鼻不仅可以帮助它寻找食物，而且能保护它在露出水面呼吸的时候，不被猎物察觉。

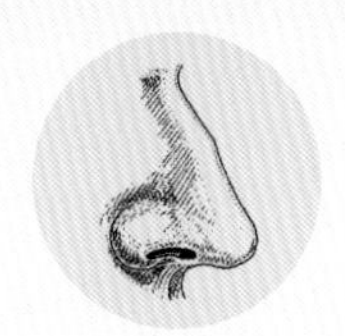

这些动物

# ····鼻孔有特殊功能····

*哺乳动物的鼻孔都能发挥某些功能，而且鼻孔的形态、功能和它们的生活环境、生活习性是相适应的。*

## 可活动的鼻孔

### 北极熊

所有熊类的鼻孔都有较强的活动性。由于熊类的鼻孔内有上百块肌肉，鼻孔可扩大并朝不同方向转动，以更好地闻到远处的气味。北极熊甚至可以嗅到藏在远处雪堆下的海豹宝宝的气味，毕竟海豹妈妈要在洞口给宝宝留一个呼吸孔。

虽然没有熊的鼻孔那么大，但人类也可以在小块肌肉的辅助下放大鼻孔。略微扩大的鼻孔可以让我们吸入更多的空气，更好地识别气味。

## 具有立体嗅觉的鼻孔

### 鼹鼠

鼹鼠的双眼基本看不见，多亏它有立体嗅觉，才能在地道里辨别方向、寻找猎物。抬起吻部嗅闻空气的时候，它的鼻孔能捕捉到气味。如果猎物在它的右方，右鼻孔感受到的气味要比左鼻孔闻到的强烈。

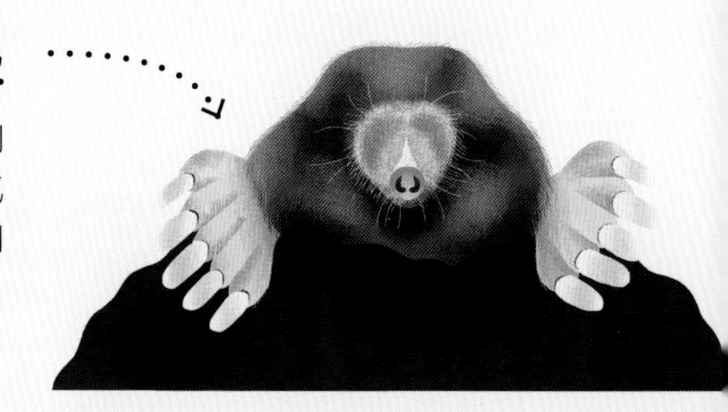

人类的鼻孔没有立体嗅觉。之所以有两个鼻孔，是因为每个鼻孔负责捕捉不同的信息。右鼻孔将气味信息传递到负责处理情绪的右脑，进而关于气味的感受会被唤起：哇！这个气味我喜欢。左鼻孔将信息传递到负责处理语言的左脑，进而气味会被我们命名：啊，原来我闻到的是茉莉香。

## 潜水专用鼻孔

### 海獭

海獭大部分时间生活在水里，通常仰面躺在水面上。这期间它的鼻孔一直是自然打开的，这样才能闻到气味。只要一下水捕螃蟹或者蛤蜊，它的鼻孔就会紧紧关闭起来；返回水面时，它的鼻孔又重新打开。

人类的鼻孔
在自然状态下是开着的，
无法随意关闭，
必须借助外力才能关上。

海豹则恰恰相反。它大部分时间都在水下生活，裂隙状的鼻孔自然紧闭着，只有浮上水面的时候，才会在几块肌肉的帮助下，张开鼻孔，呼吸几分钟空气。假设它潜水时还需要耗费力气关紧鼻孔，那它就可能没有足够的力气游泳、捕食了。

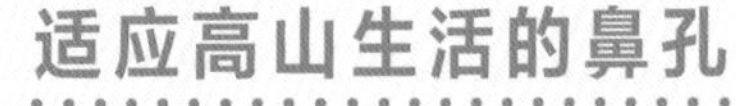

## 适应高山生活的鼻孔

### 川金丝猴

川金丝猴属于灵长类动物，它的鼻子退化成朝天的两个小孔，因此又被叫作仰鼻猴。川金丝猴生活在中国四川、甘肃、陕西、湖北偏僻山区海拔 1400 到 3300 米的中、高山地带，那里每年雪季很长，环境极其恶劣，它们退化的鼻孔能起到防止鼻子结冰的作用。

人类的鼻子形状也是与环境相适应的。
几百万年以前，生活在干燥寒冷地区的人类鼻子窄而细；而生活在湿热地区的人类鼻子大且宽，以便让呼入的空气保持凉爽。

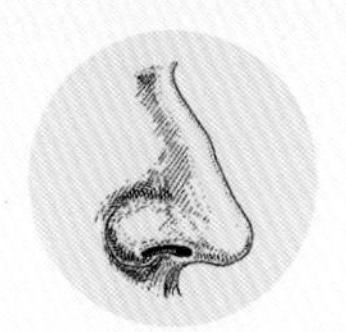

这些动物

# 靠鼻子来吸引异性

*某些动物的鼻子外形可以向族群中的同伴传递信号，甚至可以作为吸引异性的王牌。*

## 未来爸爸的鼻子

### 长鼻猴

雄性长鼻猴的鼻子长度可达10厘米，看起来像一个压扁的袋子。雌猴和幼年长鼻猴的鼻子则是翘起的。

雌猴根据雄猴鼻子的长短为孩子挑选未来的爸爸。因为雄性长鼻猴的鼻子越大，它的睾丸也越大。对雌猴来说，这意味着能怀上更健康的宝宝。

不过吃东西的时候，长鼻子确实有点碍事。

## 吸引异性的鼻子

### 冠海豹

雄性冠海豹的头上有一顶凸起的黑色“帽子”，与“帽子”相连的鼻腔中有一层又薄又红的气囊。求偶时节，为了吸引雌海豹，这块气囊会膨胀，像个红气球一样从鼻子里被吹出来。这只鼻子上垂着红气球的冠海豹向异性宣告：我是最俊美的，见到你我很激动。

在一些情况下，比如天气太冷时，我们的鼻子也会变红。

这些动物

# ····能在水中闻气味····

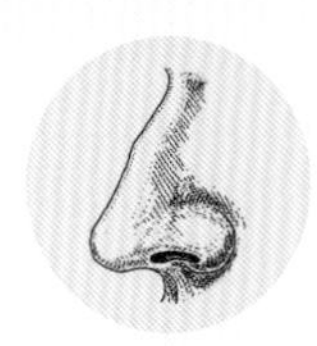

*气味也可以在水中传播，不过想要闻到它，装备和技能一样都不能少。*

## 水鼩鼱（qú jīng）

水鼩鼱是少数能在水里闻到味道的哺乳动物。它生活在湖畔，以昆虫卵、蝌蚪、蛞蝓和小鱼为食。昆虫的幼虫常附着在水下石块的底部，为了找出它们，水鼩鼱从鼻子里呼出气泡，气泡碰到猎物时会携带猎物的气息。等水鼩鼱将气泡吸回，就能收集到气味信息，从而准确无误地捉住猎物，然后回到水面呼吸。这一过程不到 45 秒就能完成。

约 17 厘米

体重约 18 克

## 鲑鱼

鲑鱼出生在淡水里，之后游往海洋生活。每年夏、秋季，性成熟的鲑鱼会返回出生的河里进行交配。之所以跨越几千千米也能找到出生时的那条河流，要归功于它卓越的嗅觉。

跟所有鱼类一样，鲑鱼靠鼻子闻到水中的气味。水进入鼻孔、浸润鼻腔时会激活鼻腔内的嗅觉感受器并向大脑发送信号，这样它就能分辨气味到底来自水流还是食物，或者来者是敌还是友。

鱼类的鼻子仅作为嗅觉器官，它们呼吸要靠鳃。而我们人类的鼻子既是嗅觉器官也是呼吸器官，一旦吸入的是水而不是空气，人就会窒息。

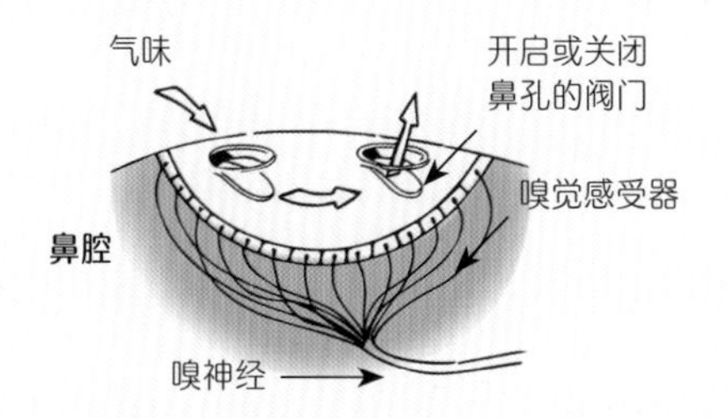

这些动物

# ····用触角代替鼻子····

*昆虫没有鼻子，取而代之的是它对气味极其敏感的触角。*
*触角的形态、长短不一，但都由可以捕捉气味的、细小的毛发状嗅觉感受器构成。*

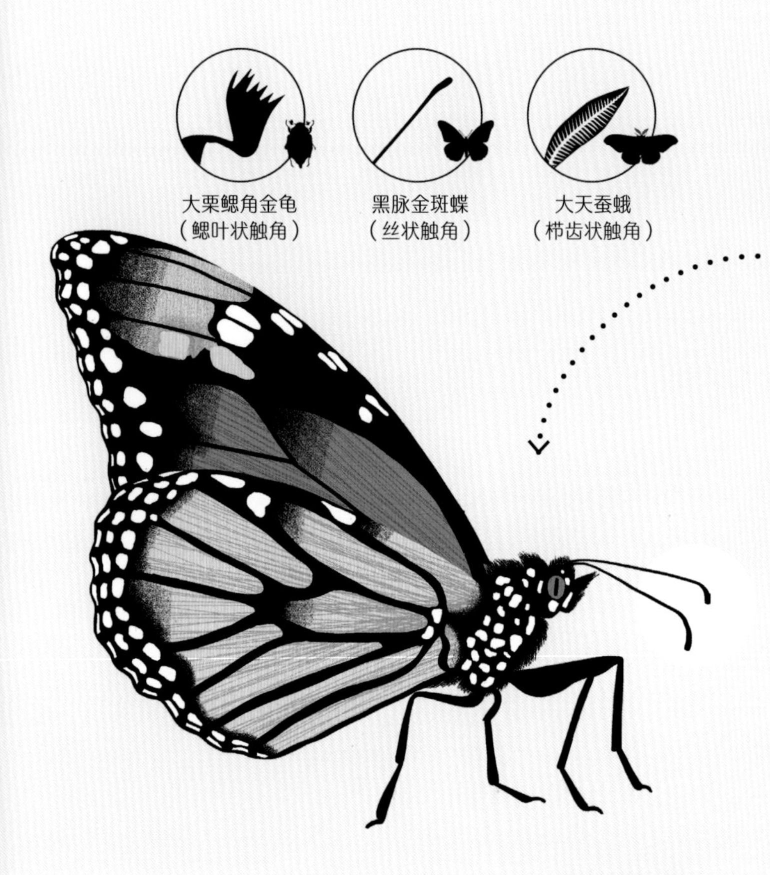


## 蝴蝶

### 黑脉金斑蝶

黑脉金斑蝶借助触角来选择采食哪朵花。雌蝶甚至靠触角嗅闻植物，来决定在哪株植物上产卵，毕竟选中的植物将来就是幼虫的粮仓。为了避免幼虫被鸟或蜥蜴捕食，被选择的植物通常还有毒。

人类有大约 400 种嗅觉感受器，
可以区分不同的气味：不仅限于 10 种基础气味，
还能分辨它们的各种组合气味。
人类的鼻子总共能区分上万种气味！

### 大天蚕蛾

这种夜行性飞蛾的生命仅有几天，在此期间，它不吃不喝，专注于找对象。毕竟它此生最大的目标就是繁殖后代。它栉齿状的触角异常敏感，能捕捉到方圆 10 千米内雌性的气味。

人类的鼻子很难闻到远处的气味，
除非是特别刺鼻的气味，比如焦煳味。

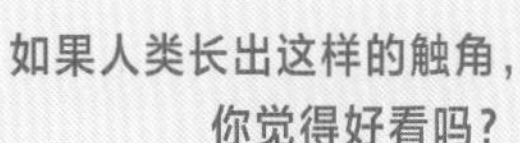

如果人类长出这样的触角，
你觉得好看吗？

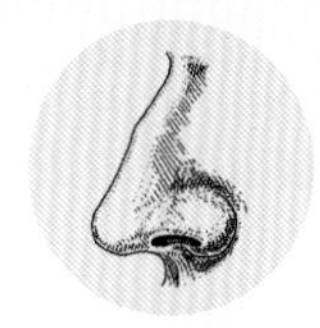

## 社会性昆虫的嗅觉

对集群生活的昆虫来说，它们的整个世界都围着气味转。

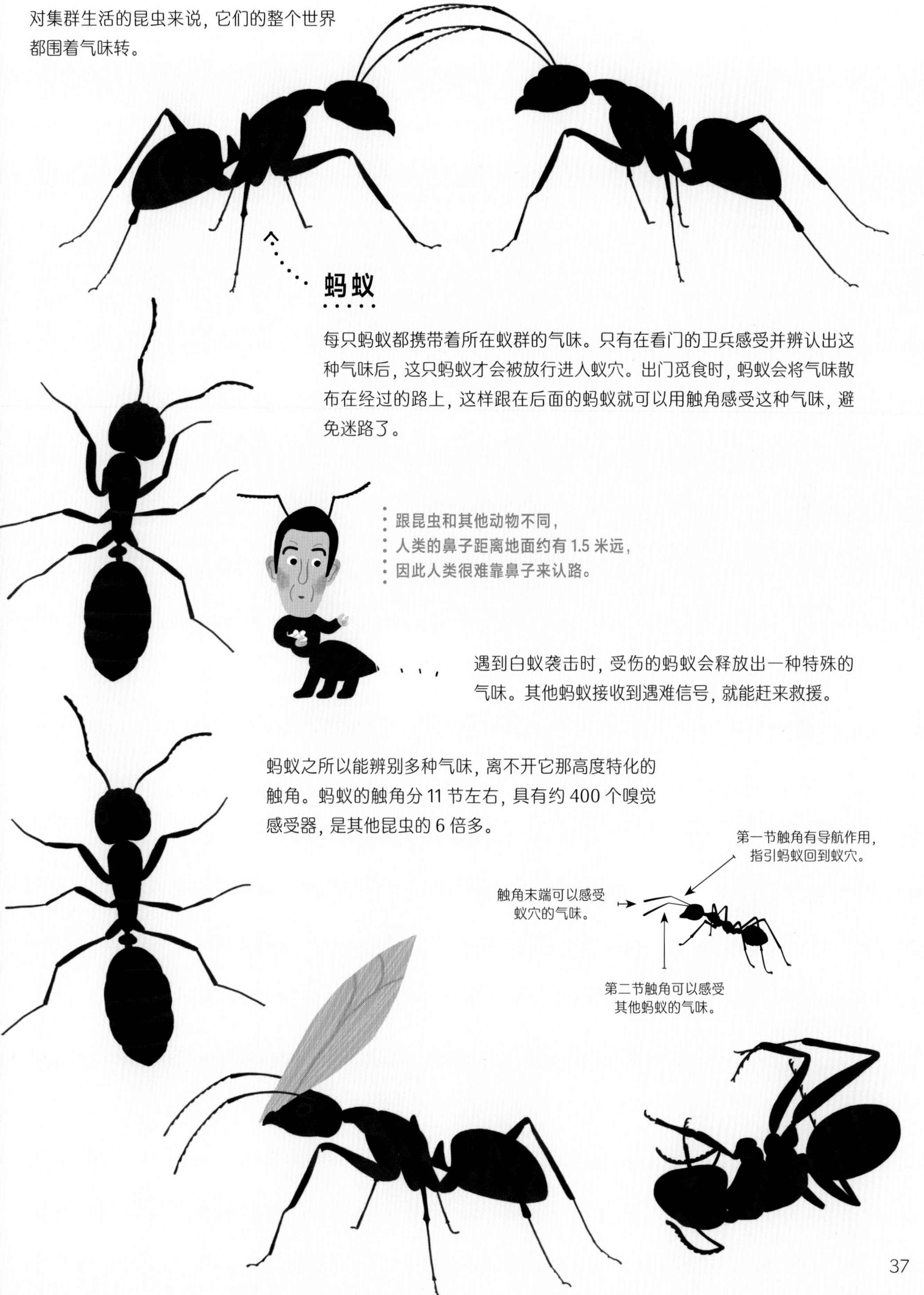

第一节触角有导航作用，
指引蚂蚁回到蚁穴。
触角末端可以感受
蚁穴的气味。
第二节触角可以感受
其他蚂蚁的气味。

### 蚂蚁

每只蚂蚁都携带着所在蚁群的气味。只有在看门的卫兵感受并辨认出这种气味后，这只蚂蚁才会被放行进入蚁穴。出门觅食时，蚂蚁会将气味散布在经过的路上，这样跟在后面的蚂蚁就可以用触角感受这种气味，避免迷路了。

跟昆虫和其他动物不同，
人类的鼻子距离地面约有 1.5 米远，
因此人类很难靠鼻子来认路。

遇到白蚁袭击时，受伤的蚂蚁会释放出一种特殊的气味。其他蚂蚁接收到遇难信号，就能赶来救援。

蚂蚁之所以能辨别多种气味，离不开它那高度特化的触角。蚂蚁的触角分 11 节左右，具有约 400 个嗅觉感受器，是其他昆虫的 6 倍多。

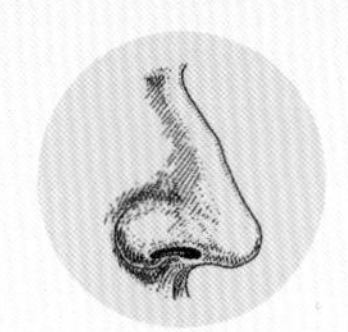

这些动物

# 用舌头来“闻”

*紧贴地面生活的爬行动物不仅能感受空气中传播的气味，还能感受土地中的气味。这多亏了它们的舌头。*

## 爬行动物

某些爬行动物，比如壁虎，通过舌头和犁鼻器的配合来感受气味。

### 豹纹壁虎

同许多爬行动物一样，豹纹壁虎的鼻孔有体内和体外两个开口，内鼻孔与口腔上腭相通。如此一来，气味就可以在舌头的帮助下从两个开口传人。寻找食物时，豹纹壁虎的头高高抬起，反复地伸出肉舌，使内鼻孔和犁鼻器接触到气味。豹纹壁虎可以通过这种方式分辨出来者是同类还是猎物，甚至还能区分不同的物种。

同爬行动物一样，人类的鼻孔内也遍布嗅觉感受器。不过不同的是，我们的鼻孔不与上腭相通，但气味可以借助位于口腔底部的通道传到鼻子。

### 蟒蛇

蛇类有立体嗅觉。它的舌头分叉，两个尖端朝向不同的方向，因此能定位气味来源。舌尖通过上下摆动来探测气味，假设右侧舌尖感受到的气味比左侧的强，它就能据此判断猎物在右侧。雄性蛇类的舌头还能帮助它尾随雌性。蛇是独居生物，气味是它们相会的信号。

人类也一样，有时，我们或许能感受到其他人散发的神秘气息，并被吸引。接收这些气息的器官也是犁鼻器。不过相比其他动物，我们的犁鼻器已经高度退化了。

## 这些动物
# 嗅觉最差

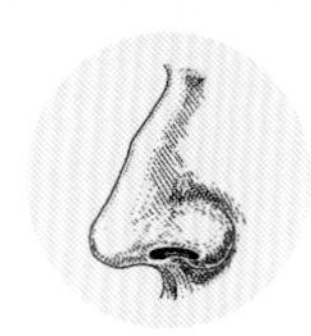

*嗅觉差的动物可以说是少之又少。*
*一般这种情况下，会有另一种感官得到极度优化，让它们更好地适应环境。*

## 鸟类

### 几维鸟

鸟类的鼻子已经退化为位于喙基部的两个小孔。相比于其他感官，大多数鸟类的嗅觉都很差。几维鸟是少数几种嗅觉较好的鸟类之一，它的鼻子位于长长的喙的末端，能在黑暗中找到食物。因为几维鸟是夜行性动物，而且不会飞，良好的嗅觉就至关重要。

食腐动物（比如秃鹫）的嗅觉也很好，能闻到动物尸体腐败的气味。

同一些动物一样，人类的嗅觉也略逊于其他感觉，这是因为我们大脑中解析气味的那部分脑区比视觉区和听力区都要小得多。

## 海洋哺乳动物

### 海豚

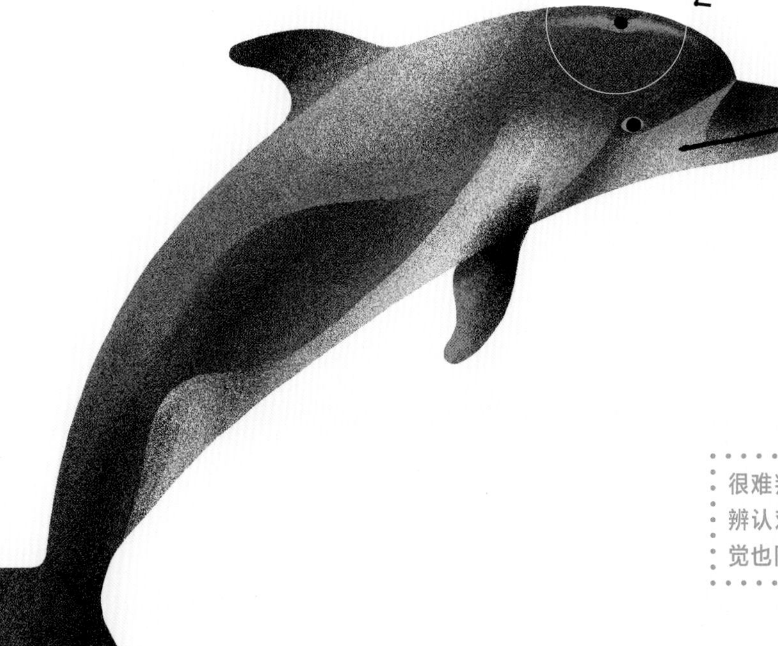

海豚没有嗅觉，也没有鼻孔，仅在头顶有个开孔，称为喷气孔。喷气孔只供呼吸之用。海豚在几千万年前离开陆地去适应海洋生活的时候就丧失了嗅觉。

很难判断哪种动物的嗅觉最优秀。每种动物都能辨认对自己的生存、繁殖有用的气味。人类的嗅觉也同样适应了我们的需要，这就足够了。

这些动物

# ····吃得五花八门····

*味觉能让动物感受食物的味道。不过不同的动物，口味也不尽相同。*

## 杂食性动物

这些动物什么都吃，所以能适应不同的环境。

### 猪

同所有哺乳动物一样，猪最主要的味觉器官就是舌头。它的舌头上覆盖着细小的凸起，称为舌乳头，上面有能够感知味道的味觉感受器——味蕾。猪的舌头上分布着约 1.5 万个味蕾，因此具有超强的味觉。

人类的舌头上约有 1 万个味蕾，分布在不同形状的舌乳头上。

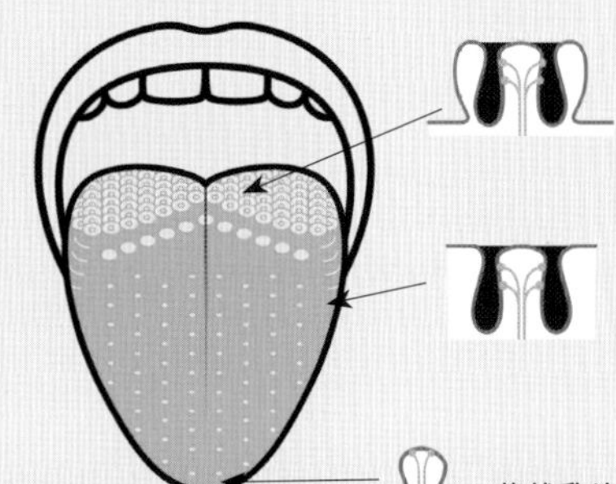

**轮廓乳头**，呈杯状，位于舌头的根部。

**叶状乳头**，形如叶子，位于舌头两侧后部。

**菌状乳头**，形如蘑菇，位于舌尖和舌两侧。

舌头借助味蕾可感受 5 种基本味道：酸、甜、苦、咸、鲜。

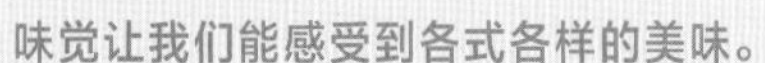

味觉让我们能感受到各式各样的美味。

### 老鼠

除了 5 种基本味道以外，老鼠的味蕾还能尝出奶酪中含有的脂肪和钙质的味道、坚果的味道，以及毒性物质中二氧化碳气体的味道。

我们人类的舌头也可以品尝出由 5 种基本味道组合的各种味道。我们的味蕾还能够尝出辛辣味或者油腻味。

## 植食性动物

植食性动物指的是以植物茎叶、果实和种子为食的动物。它们的舌头也能尝出 5 种基本味道。

### 兔子

兔子的味觉非常发达。它的舌头包含 1.7 万个味蕾，能够尝出它爱吃的所有植物叶子的味道。同其他植食性动物一样，它的舌头上也有大量的感知苦味的味蕾。因为苦味通常意味着植物有毒，据此，兔子可以判断植物是否可以食用。

同动物一样，人类的舌头对某些味道更敏感。
即使剂量很小，苦味也是我们能最快辨别出的味道。

如果汤有苦味，小宝宝会感到不适并皱起眉头。
史前人类对苦味特别警惕，因为苦味常常意味着危险。

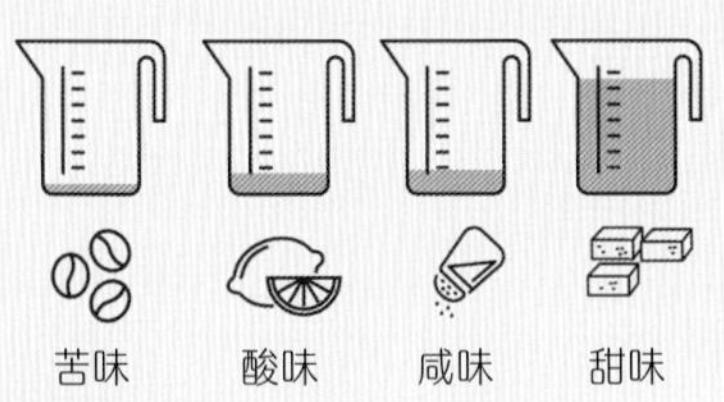


**不同味道的感受阈值**
在一定的浓度下，仅需极少量，我们就能尝出苦味；尝出酸味需要几滴；咸味需要一小撮。不过要察觉出甜味，需要的量就大得多。

我就喜欢
比利时菊苣的苦味！

### 欧洲马鹿

这种动物酷爱吃盐，但食物中所含的盐分却有限。因此，它时常寻找含盐的石块舔舐，来补充排尿和排汗所流失的盐分。欧洲马鹿夏天以草、花朵、果实和树皮为食，冬天它能啃到荆棘叶子就很知足了。

吃了咸鱼后，我们常感到口渴，这是因为我们的体细胞失水了。
我们的味蕾并不喜欢太咸的食物，这是身体防止脱水的一种保护机制。

这些动物

# 喜欢吃甜食

*多数动物喜欢甜味，因为糖是身体的能量来源。*

## 马

马特别喜欢甜味。它吃的水果和嫩草中都含糖。这些不同的糖分，能够为这位运动健将身上的 700 块肌肉提供足够的能量。

对人类来说，吃一个苹果能提供的能量可以让我们游泳 10 分钟或者跑步 8 分钟。

一匹马能吃光一整棵树的苹果，因为苹果可没有可怕的苦味。即使摄入过量，味蕾也不会阻止它摄入糖分。

人类也一样，因为甜味能带来快感，我们的身体会无度索取。只有超过一定的量，我们的味蕾才能觉察到甜味，而这个量是味蕾感受出苦味所需量的 1 万倍。

## 蜂鸟

蜂鸟可以每秒钟扇动 70 次翅膀。为了能悬停在空中，它需要消耗大量的能量。蜂鸟主要以花蜜为食，它每天消耗的花蜜大约是自身体重的 2 倍。

长约 5.5 厘米

体重约 3 克

换算到人身上，相当于我们每天要食用 100 千克花蜜！从健康的角度考虑，我们每天摄入的糖要控制在 25 克以内。如果长期过量摄入糖，会对健康造成危害。

为了能够采集到这宝贵的能量，蜂鸟将尖尖的喙插到花朵内，伸出分叉的舌头。收回舌头的时候，它并拢舌尖的两个分叉，将花蜜吸到舌头形成的长长的“勺子”里。蜂鸟的舌头每秒钟最多可以采食 20 次花蜜。

这些动物

# 对甜味无动于衷

*不是所有动物都爱吃甜，有的动物有其他的味道偏好。*

## 狮子

同其他猫科动物一样，狮子是严格意义上的食肉动物，除了肉，其他一概不碰。它的舌头上装备有粗糙坚硬的舌乳头，专门用来撕开猎物的皮毛。同时，它的舌乳头还是整理、清洁毛发的刷子。

人类的舌头上部分舌乳头呈细长圆锥状，
因此舌头看起来粗糙不平。
这类舌乳头名为丝状乳头。
丝状乳头不含味蕾，
但能判断食物是软是硬，是冷是热。

狮子尝不出甜味，因为它的味蕾感觉不到甜味；但却对肉类中的鲜味十分敏感。

奶奶做的鸡肉实在太香了，
满满的鲜味！

鲜味大量存在于我们的饮食中。
它暗示食物富含蛋白质。

鲜味是宝宝认识的第一种味道，
因为母乳中富含鲜味。

猫科动物会用舌头来为自己疗伤，
它们的唾液中含有抗菌成分。

人类每天分泌约1升唾液，以润湿口腔，保护牙齿不受细菌侵害。
虽然唾液中有天然抗菌成分，但按时刷牙也是必不可少的。

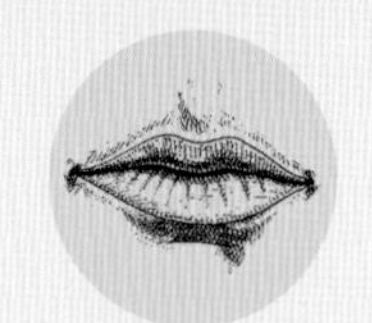

这些动物

# 舌头有妙用

*动物们的舌头形态多样，颜色各异。*
*在动物世界里，舌头不仅仅是味觉器官，往往还能发挥其他作用。*

## 长长的舌头

### 长颈鹿

长颈鹿身高可达 6 米，是动物中个头最高的。它是植食性动物，喜欢吃金合欢的叶子。不过金合欢树枝上遍布长刺。为了能吃到嫩叶，长颈鹿会使出它的杀手锏——约 55 厘米长的舌头！因为舌头尖尖的，所以能够绕过棘刺，卷住别的动物无法够到的树叶。它的长舌头还能用来清洁鼻孔、眼睛甚至耳朵！

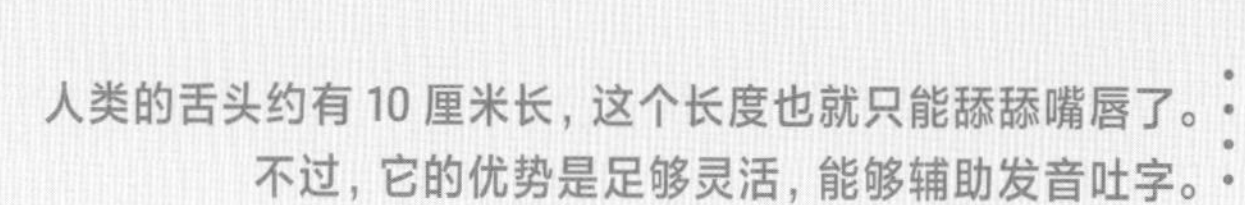

人类的舌头约有 10 厘米长，这个长度也就只能舔舔嘴唇了。
不过，它的优势是足够灵活，能够辅助发音吐字。

### 大食蚁兽

这种哺乳动物主要分布在中美洲和南美洲，以蚂蚁和白蚁为食。它细长的吻部里藏着约 60 厘米长的舌头。要知道，食蚁兽体长也就 1 到 2 米，所以它也是舌头与身长之比最大的动物之一。此外，它的舌头上布满小刺，能钩住蚂蚁；舌头还会分泌黏液，从而将蚂蚁牢牢粘住。

如果同比例换算到人身上，
相当于我们长着 50 厘米长的舌头！

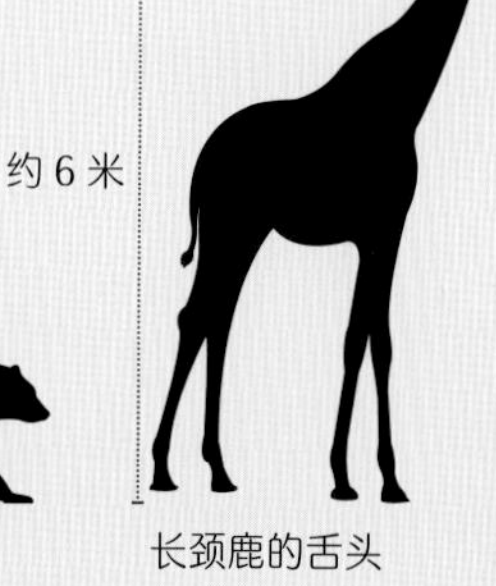

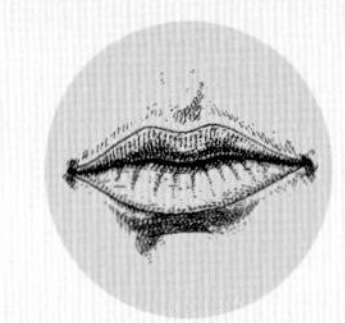

## 五颜六色的舌头

### 蓝舌石龙子

这种蜥蜴主要分布在澳大利亚，是唯一具有蓝色肉舌的动物。它蓝色的舌头能对捕食者起到恐吓作用。遭受鸟类或蛇的威胁时，它会在极短的时间内伸出舌头。由于蓝色舌头能反射紫外线，捕食者常会被唬住，受惊而逃。

因为舌头内布满血液，我们的舌头往往是粉红色的。

### 獾㹢狓（huò jiā pí）

这种哺乳动物生活在刚果民主共和国。它的舌头是近乎发黑的深紫色。这种颜色是一种黑褐色的色素——黑色素作用的结果。它的舌头之所以含大量黑色素，是为了防止阳光晒伤，毕竟取食树叶的时候需要频繁伸出舌头。

约 2 米

獾㹢狓的舌头

约 30 厘米

人体中的黑色素主要存在于毛发和皮肤等部位，舌头上是没有的。

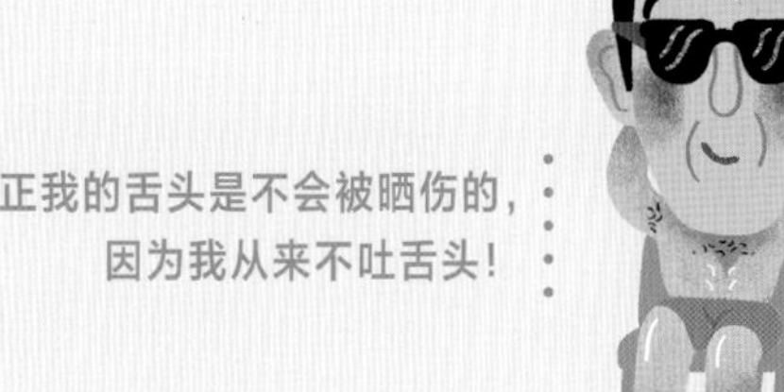

反正我的舌头是不会被晒伤的，
因为我从来不吐舌头！

这些动物

# ····用纤毛来品尝味道····

*昆虫靠它们长在嘴巴周边以及身体不同部位的细小纤毛来品尝味道。*

## 黑腹果蝇

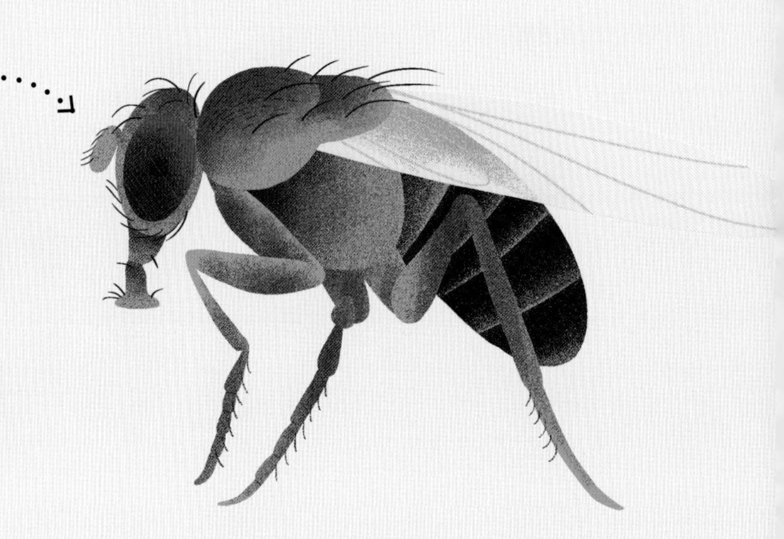

黑腹果蝇的腿上和翅膀上布满了味觉感受器，所以只需停落在食物上，它就能品出食物的味道。不过它最主要的味觉器官还是喇叭形口器，在口器的各个角落，甚至到咽喉深处，都长满了味觉感受器。

**人的味蕾分布**

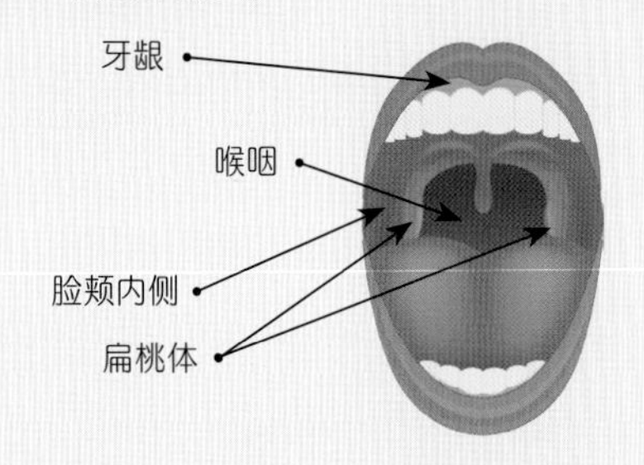


人类的味蕾也不仅位于舌头上，
少数散布在以下几处：脸颊内侧、牙龈、扁桃体以及喉咽。

果蝇与哺乳动物能感觉到一样的味道。对甜味的感知让它能判断水果是否可口。如果食物释放的酸味过于强烈，果蝇会选择弃而不吃，因为这样的水果很可能已经被有害微生物侵蚀。如此，果蝇就避免了食物中毒。

苦味和因发霉导致的酸味能引起我们的警觉。
不过人类主要还是依靠视觉和嗅觉来判断食物是否变质，
毕竟变质食物吃到嘴里就晚了。

也不知道我吃错了什么东西，
胃里翻江倒海的！

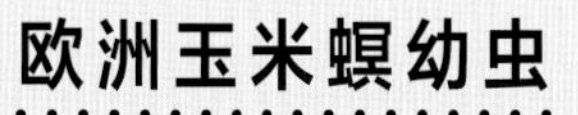

## 欧洲玉米螟幼虫

跟其他的毛毛虫一样，欧洲玉米螟的幼虫变成飞蛾前，必须经历蛹这个阶段。能顺利度过生命的不同阶段，它的感觉纤毛（分布于口中和身体上）中的味觉感受器功不可没。它们能判断植物的哪个部位最有营养，哪个部位富含水分。它们还能识别出一种植物的特殊味道，并据此判断是时候该停止进食，准备变成蛹了。

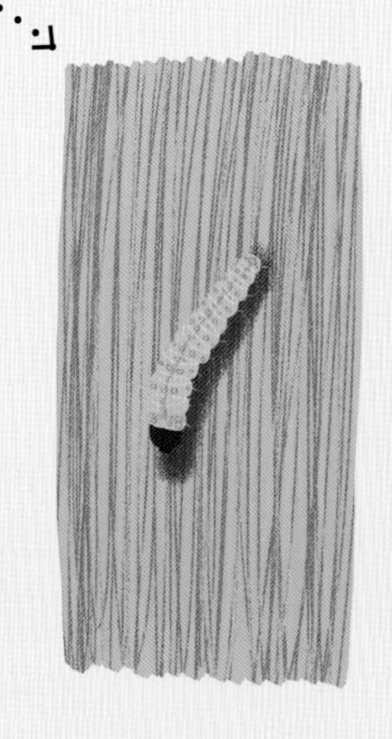

这些动物

# ····口味独特····

*自然界里，没有什么不可以吃，即便是粪便！*

## 食粪动物

### 蜣螂

蜣螂俗称屎壳郎，属鞘翅目金龟子科，以其他动物的粪便为食。它用铲子一样的头部铲粪，并在两片强壮下颚的帮助下将粪便挤压成球，然后用腿推回家。之所以会吃粪便，是因为其中含有蜣螂需要的营养成分，而且湿润的粪便有足够的水供它解渴。

多亏有屎壳郎，
不然在野外很容易踩到粪便。

## 食腐动物

### 葬甲

葬甲俗称埋葬虫，以动物的尸体为食。如果它发现了一只死掉的鼹鼠，会挖土将鼹鼠的尸体埋起来，作为自己和幼虫的储备食物。食粪动物和食腐动物会被粪便或尸体散发的强烈异味所吸引，这样一来，它们也就成了大自然的清道夫。

人类对味道的感知 80% 来自嗅觉。假如我们塞上鼻子、闭上眼睛去吃巧克力，我们的舌头依然能尝出甜味和可可粉的苦味，但是我们并不能断定吃的就是巧克力。所谓“味道”，是由嗅觉感受到的气味和味觉品尝出的口味一起构成的。

这些动物

# ····舌头伸缩迅速····

*青蛙、蟾蜍、蝾螈、变色龙和鬣蜥的舌头，都是战无不胜的捕食利器。*

## 青蛙

青蛙的舌头又长又宽，能像地毯一样卷起来。一旦发现美味可口的苍蝇，青蛙会立刻保持身子一动不动，只用眼睛跟随猎物。时机一到，它就会瞬间抛出舌头，将正在飞行的苍蝇粘住，整个过程所用时间比人类眨眼的时间还要短。

青蛙的舌头卷起时能将猎物裹住，同时因为包裹猎物的唾液具有黏性，能牢牢困住猎物。一旦猎物进入口中，唾液重新变成流动的液体，青蛙就可以顺利将猎物吞下了。

正因为青蛙的唾液能牢牢粘住毛发、羽毛和棘刺，它可以拖动体重是自己3倍的猎物。

人类的唾液不具有黏性。但能帮助食物溶解在舌乳头上并接触到味蕾，引起味觉，还能方便我们吞咽。

## 变色龙

变色龙完成抛出舌头、击中猎物、送回口中这一连串动作，仅需 0.1 秒。它的舌头弹性极好，能延展到身体的 2 倍长。它的舌头由几块固定在喉咙的肌肉组成，这些肌肉一些可将舌头弹出，另一些则负责将舌头缩回口中。

人类的舌头由固定在口腔底的 8 块肌肉组成。但是我们的舌头不能像变色龙的那样拉伸自如。

在坦桑尼亚生活着一种体形很小的玫瑰吻变色龙，它身长仅有 4 厘米左右，却能以 97 千米 / 时的速度在 0.01 秒间将舌头弹出。这也是整个动物界里出舌速度的最快纪录。

从灵活性和弹性上比较，变色龙的舌头比人类的优越多了。

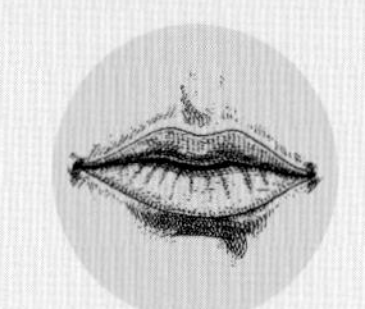

这些动物

# 味觉最优秀

*成千上万种不同味道的物质溶解在水中，并随水流传播开来。*
*有些动物可以在水中感知到丰富的味道，并且获得关于食物的信息。*

## 钳鱼

钳鱼也被称为美洲河鲇，生活在北美洲的淡水中。它大大的嘴巴边有 8 条鱼须，很好辨认。因它的鱼须与猫的胡须形态接近，也被称为钳猫。

正是因为这些鱼须，钳鱼还享有“味觉之王”的称号。

它的鱼须上平均每平方毫米有 25 个味蕾。这样算下来，它总共有 10 万个味蕾。它爱吃小龙虾、昆虫以及水生植物。

30 到 50 厘米

体重
3 到 4 千克

跟所有鱼类一样，钳鱼也靠口腔和舌头上的味蕾来辨别味道。但是它还能借助头部、身体和鱼须上的味蕾，探测到远距离的味道。在水里，猎物或者植物身上的风味物质会随着水流游散到远处。如此一来，钳鱼就能靠位于体外，尤其是鱼须上的味蕾，探测到它的下一顿美餐躲在哪儿了。

钳鱼的味蕾数量是人类的 10 倍之多。

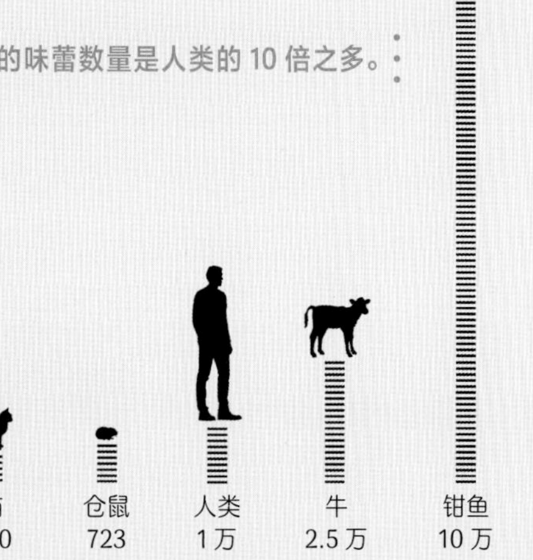

人类也可以感受到水及其他液体中的味道，比如海水的咸味或者果汁的甜味和酸味。不过对于远距离的味道，人类只能靠闻，然后发挥想象力，猜测气味的来源是什么。

这些动物

# 失去了部分味觉

*海豚、鼠海豚，白鲸、虎鲸及其他一些鲸，在进化过程中失去了部分味觉。*

## 鲸目

## 蓝鲸

人类的舌头差不多有 50 克重。

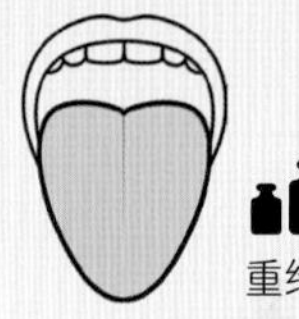


蓝鲸拥有动物界里最重的舌头，光是舌头就能有 4 吨，相当于一头象那么重。然而这么重的舌头，其作用也仅仅是帮助它吞下水和赖以为食的磷虾。

同其他须鲸类动物一样，蓝鲸也没有牙齿，仅有鲸须。它不经咀嚼直接将食物吞下。或许这也是它味觉受限的原因。它的舌头上只有对咸味和酸味敏感的味蕾，以及探测压力和温度的感受器。

随着年龄的增长，人类对味道的敏感度会降低。进入老年，我们的味蕾就只剩不到 6500 个了。

吃什么都是一个味儿？

我们很难知道动物是像人类一样以享用美食为乐，还是仅仅为了填饱肚子。人类的味觉比一些动物的更为发达，一方面是因为我们的食物更加丰富多样；另一方面，其他感觉在进食时发挥的作用也不容忽视。看到蛋糕，我们会联想到甜味，忍不住分泌口水；而听觉会让我们感受到嚼苹果时嘎嘣脆的快乐。

# 这些动物
# ····用身体来触摸····

*触觉是唯一一种所有动物共有的感觉。动物通过触觉感知同伴和周边环境。*

皮肤是包裹动物身体的触觉器官，上面布满了不同类型的感受器。它们或对接触敏感，或对冷热敏感，或对疼痛敏感。触摸是动物探究外界最直接的一种方式。

## 海豚

海豚的皮肤细腻柔软、光滑无毛。海豚能时刻感知到自己接触的是水还是空气，甚至能在 40 千米 / 时的泳速下感知到水流流经身体的速度。同所有脊椎动物一样，它的皮肤上也布满了不同类型的触觉感受器。

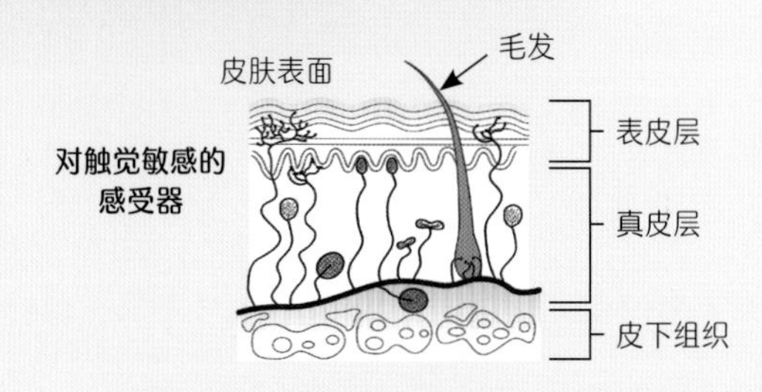


皮肤通过与外界的接触，带给我们身体的存在感。皮肤可分为 3 层，每层都含有成千上万个触觉感受器，它们向大脑发送信号，告诉大脑身体的感觉。

触摸也是海豚的沟通手段。轻轻碰触对方的吻部，表示它想要抱抱或者想一起玩耍；如果碰触比较剧烈，则表示心情不佳。吻部、额隆以及喷气孔，是海豚的触觉感受器分布最密集的区域。

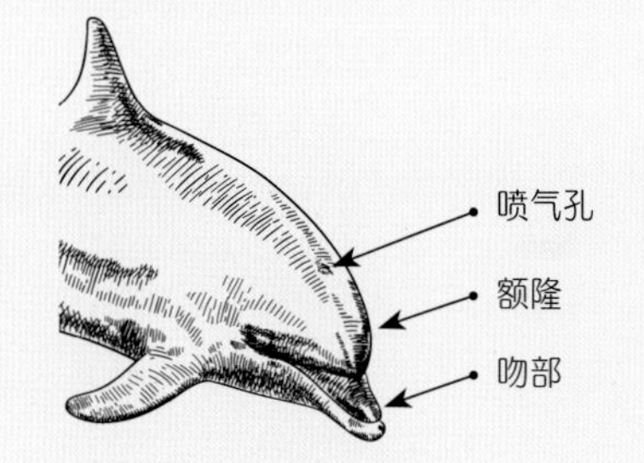


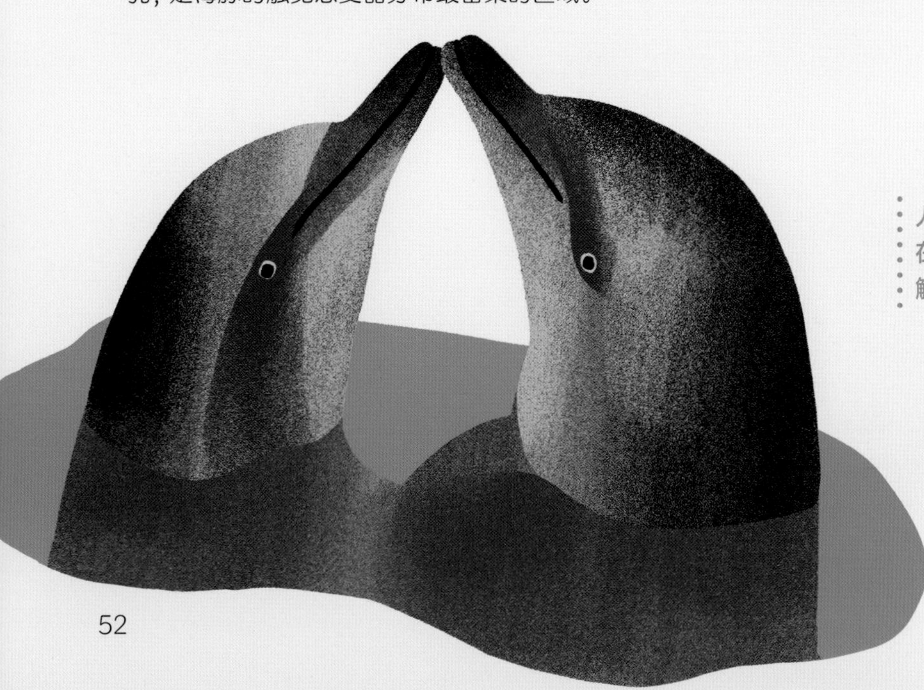

人类的触摸是一种无言的交流。在某些部位，比如面部和唇部，触觉感受器也格外多。

触摸可以建立个体之间的联系。婴儿与母亲最早的交流就是通过触摸建立的。对婴儿来说，爱抚的重要性甚至超过饱腹。

这些动物

# 用触手来触摸

*无脊椎动物探索世界靠的是集中在某些特定身体部位的触觉器官。*

## 北太平洋巨型章鱼

北太平洋巨型章鱼有 8 条触腕，其中每条上面有 280 个吸盘，每个吸盘上长着数以千计的味觉和触觉感受器。靠着又长又灵活的触腕，它可以同时碰触周边的多个物体。它还可以近距离探索潜在的猎物，确定是美餐后，就将其送入口中。

4 到 9 米

触腕 3 米

体重

25 到 40 千克

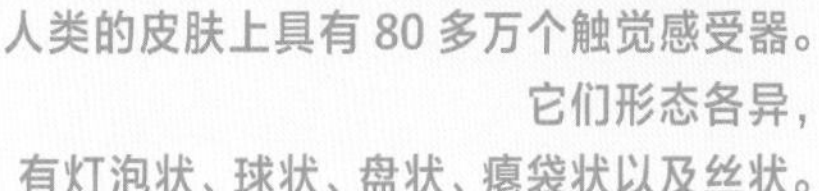

人类的皮肤上具有 80 多万个触觉感受器。它们形态各异，有灯泡状、球状、盘状、瘪袋状以及丝状。

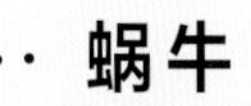

## 蜗牛

蜗牛身体柔软，靠外壳保护自己。它几乎又聋又盲，全靠两对触角感受外界环境。它的触角表面包裹着一层薄薄的皮肤，上面有触觉感受器。蜗牛爬行时，其触角会向下摆动以探测路障，只要路面情况稍有异样，它就会立刻缩进壳里。

蜗牛与地面接触的部位对路面质地特别敏感。相比粗糙的路面，它更喜欢在光滑的表面上爬行。

我们的皮肤之所以能感受接触物的质地，是因为表皮层分布着很多盘状的感受器（梅克尔盘）。它们向大脑传递信号，告诉我们所触摸的物体表面是糙是滑，是平是凹，是圆是方。

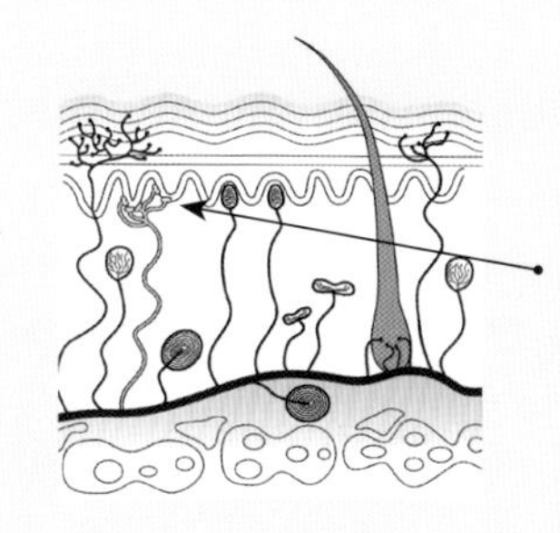

**梅克尔盘**

皮肤中用以感知质地和压力的触觉感受器

这些动物

# 用胡须来触摸

*有些动物依靠胡须来避免迷路或者在夜间撞到其他物体。*

## 猫

猫之所以时时竖起胡须，是为了更好地感知周边环境。猫的胡须比身上的毛粗 2 倍，我们称之为触须。猫的眼皮附近和前腿后方也有触须。这些触须的根部深埋在皮肤内部，与触觉感受器和感觉神经相连，向大脑传递各种信号，比如风向、夜间不可见的障碍物。甚至在猫人睡时它们也不放松警惕，只要稍有异动，酣睡中的猫就能及时惊醒。

人类的毛发根部（毛根）也有充当感受器的神经末梢，它们能感受到风吹过头发或者拔头发带来的感觉。

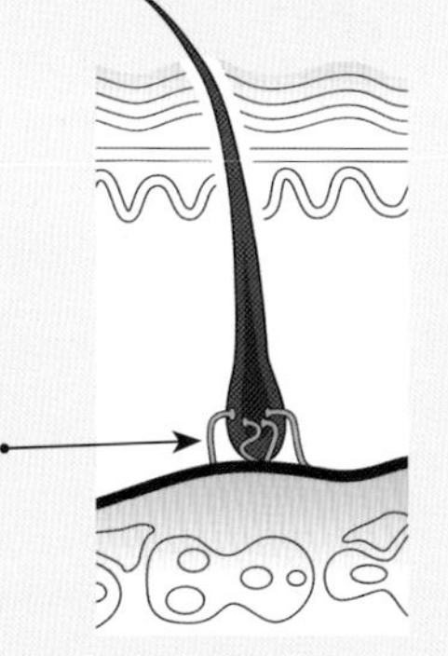


## 海狮

海狮的上唇长着长长的胡须，能帮助它寻找猎物以及在黑暗的海水中定位。胡须与触觉感受器相连。这些感受器能感知洋流方向，进而指引海狮选择合适的行进路线。越往深处游水压越大，这些感受器还能感受海水的压力，让海狮避免潜人危险的深海区域。

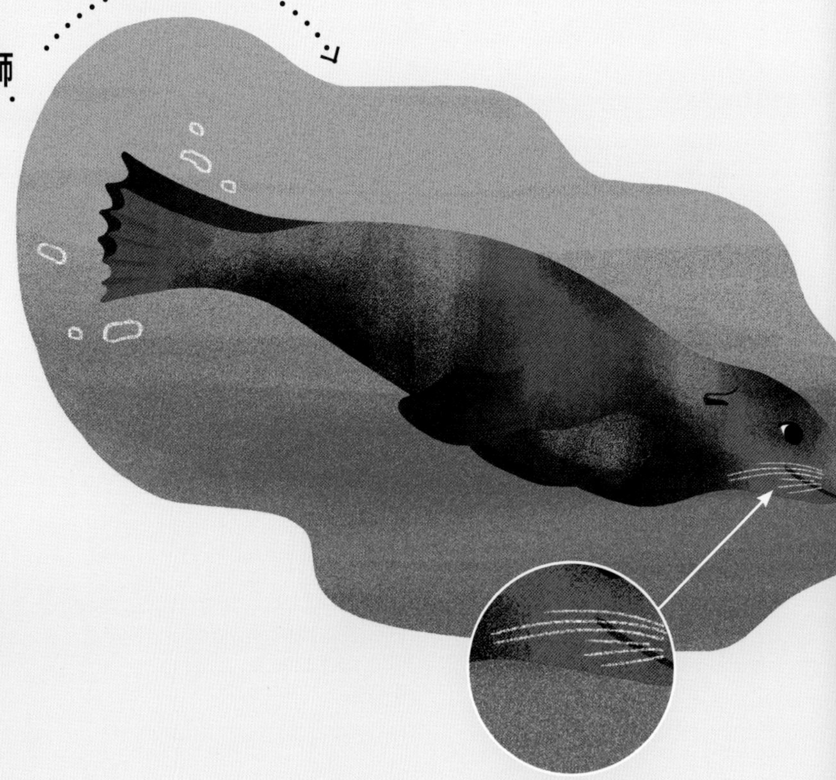

水压增加的时候，
就会有一股巨大的力挤压我们的身体和皮肤，
所以人们在潜水时不能超过一定深度。

这些动物

# ····用手来触摸····

*哺乳动物的触觉是动物界中最发达的，但只有少数哺乳动物拥有手指。*

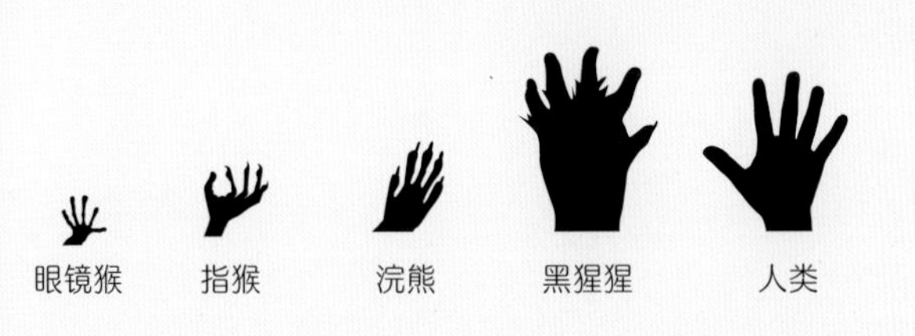

## 浣熊

浣熊是食肉动物，之所以叫它浣熊，是因为它饭前总要将食物按进水里洗一洗。它的前肢比后肢短，前肢有 5 根手指，手指末端有爪。浣熊的手部皮肤特别敏感，哪怕闭着眼睛都能知道自己摸到的是不是小龙虾。

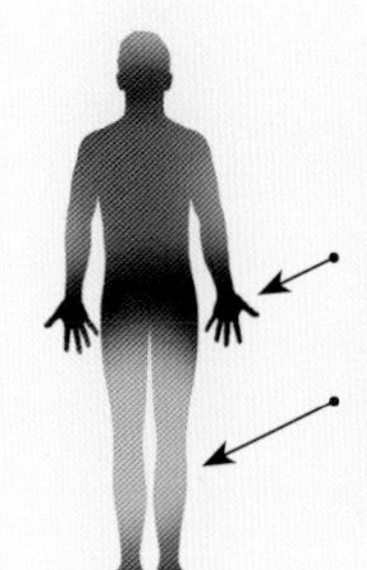

**手心**
每平方厘米有 200 个触觉感受器

**腿**
每平方厘米有 5 个触觉感受器

人类的手部约有 1.7 万个触觉感受器，数量远远超过身体其他部位。腿部每平方厘米仅有 5 个触觉感受器，而手心上每平方厘米有 200 个。

## 黑猩猩

借助手指的弯曲，黑猩猩既能牢牢握紧树枝，也能支撑身体在陆地上行走。为了制造、使用工具，它还需要一双触觉发达的手。

黑猩猩的手指末端有指甲保护，同时另一面还有指垫来缓冲外力的冲击。它手掌的沟纹中布满了对压力和抚摸敏感的触觉感受器。

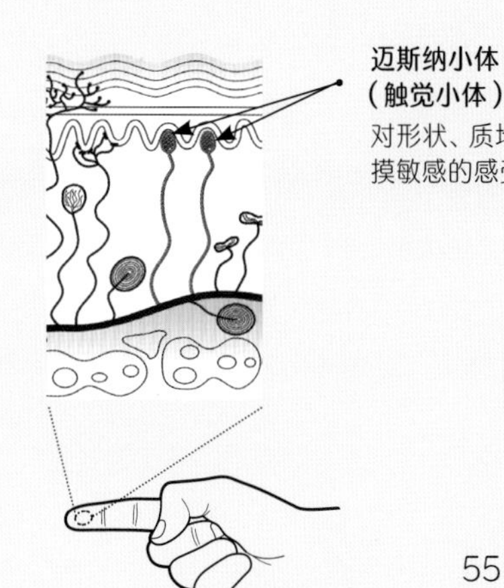

**迈斯纳小体（触觉小体）**
对形状、质地和抚摸敏感的感受器

有一种灯泡状的感受器（迈斯纳小体）位于皮肤的真皮层。它能让动物感受到物体的凹凸、软硬，还能感受轻微的按压。不要小瞧我们小小的指尖，上面分布着上千个这样的感受器。

这些动物

# 用脚来触摸

*哺乳动物特别喜欢在地上打滚，这样做既可以蹭痒痒，还可以顺带摆脱它们身上的寄生虫。不止身上的皮肤，它们脚趾的触觉也很敏感。*

## 每只脚有 1 个脚趾的动物

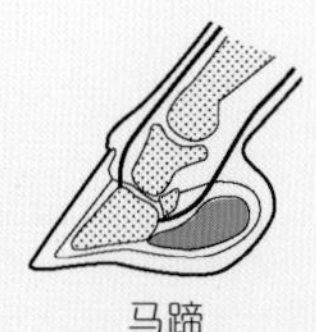


### 马

马在打滚和过桥前总会先用蹄子挠挠地面，感受一下路面。在它的角质层趾甲下，藏着它唯一的趾头以及起缓冲作用的趾垫，趾垫上有对地面承受力和振动十分敏感的感受器。所以马能够通过感受地面的抖动，判断地面是否足够坚固，是否能承受它的体重而不至于塌陷。

马的蹄子相当于人类的指甲。
马走路的方式就好比人用一只脚趾的趾尖走路。

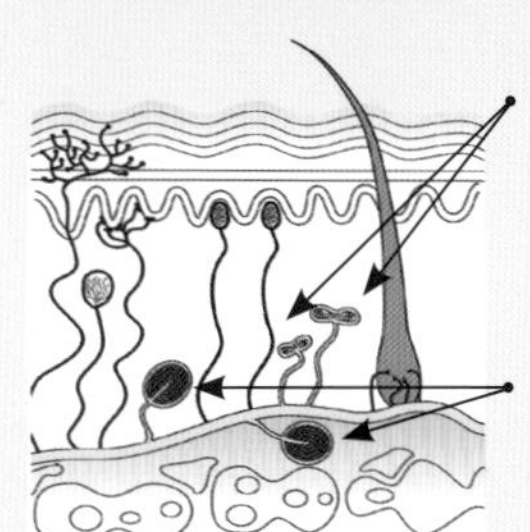

**鲁菲尼小体**
对横向拉扯敏感的感受器

**环层小体**
对振动敏感的感受器

人之所以能感受到地面的振动，
是因为我们的皮肤深处分布着一种
球形的感受器（环层小体）。
在手和脚上，这类感受器的数量尤其多。

## 每只脚有 2 个脚趾的动物

### 阿尔卑斯羱羊

阿尔卑斯羱羊常在海拔1500米以上的悬崖峭壁上行走。它的脚是两瓣蹄子，蹄子的角质层下掩藏着厚厚的趾垫，趾垫上有能敏感感知地面凹凸程度的感受器。只要蹄子在岩壁上出现滑动的迹象，感受器就会向大脑传递预警信号，接着羱羊的两瓣蹄子会叉开，牢牢抓住陡峭的岩壁，避免失去平衡。

我们的皮肤上具有感知身体平衡点的感受器，以帮助我们保持平衡。
另外还有一些感受器能判断物体从身上滑过的速度，
所以我们能在东西从手上滑落的瞬间抓住它，避免掉落摔坏。

## 每只脚有 4 个或 5 个脚趾的动物

### 狼

同所有犬科动物一样，狼的脚趾与地面接触的部分是趾垫。此处的皮肤更厚，所以狼才能在一定程度上忍受冰冷、滚热或者崎岖的地面。

趾垫的第一层比较厚，内含对温度和疼痛敏感的感受器。

人类的皮肤表皮层具有能感知气温变化的感受器。一旦感知到温度过高或过低，痛觉感受器就会被触发并向大脑发出警报。不小心被刺扎到时，痛觉感受器也会被触发。可以说，触觉也是对我们的一种保护。

每一寸皮肤都与跟触觉感受相关的特定脑区关联。在人类大脑中，与手部触觉关联的大脑区域比与脚部触觉相关的大脑区域面积要大。在其他动物中，与前、后脚触觉相关联的脑区面积是一样大的。

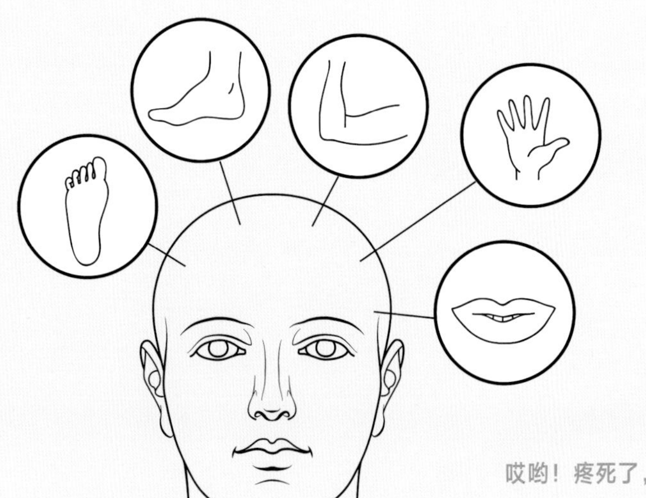

哎哟！疼死了，脚被扎了！

这些动物

# ····用喙和羽毛来触摸····

*鸟类的羽毛对四周环境极其敏感。*
*出乎意料的是，尽管鸟类的喙看起来坚硬钝拙，但其实也很敏感。*

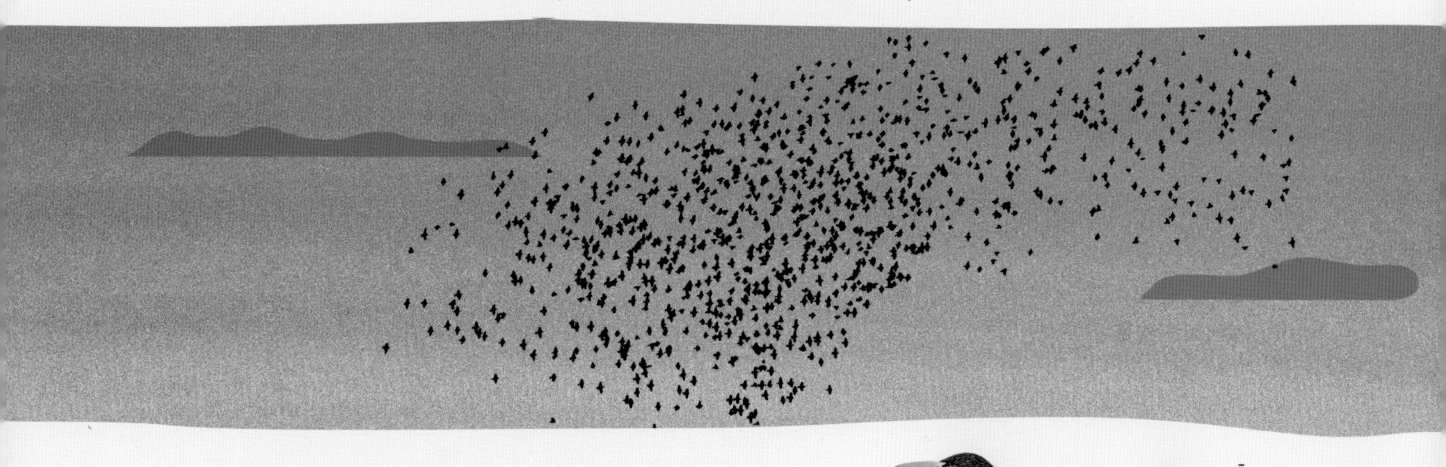

20 厘米

体重 60 到 9

## 紫翅椋鸟

紫翅椋鸟喜群居，每到夜晚，动辄数千只鸟成群返巢。同所有鸟类一样，它们的羽毛扎根在皮肤深处，根部紧挨着触觉感受器。感受器会告诉鸟儿此时的飞行条件，比如空气压力、风速以及空气温度变化等。此外，成群飞行时，每只鸟都能感受到与它相邻的鸟的翅膀振动，可以随时调整飞行节奏。鸟群同时向同一方向飞行，不断在空中变换队形，这个现象也被称为鸟类的群行行为。

我们的皮肤能通过感受身边的空气流动，从而感知速度。

## 斑胸草雀

斑胸草雀主要分布在澳大利亚，常成对生活。它用喙梳理配偶的羽毛，帮助配偶清除身体隐秘角落的寄生虫。虽然它的喙又尖又硬，却不会戳伤同伴，因为它的喙的内缘分布着对压力和振动敏感的感受器。有了这些感受器，斑胸草雀就能控制动作力度，确保动作体贴轻柔。

虽然人类属于哺乳动物，但我们皮肤上的触觉感受器跟鸟类的很类似。

这些动物

# 用吻部和鳞片来触摸

*有些动物利用触觉来捕杀猎物，有些动物则靠触觉逃命。*

## 尼罗鳄

尽管皮肤粗糙，身上还覆盖着鳞片，尼罗鳄的触觉却很发达。因为它的腿实在太短了，什么忙也帮不上，它转移幼崽的时候只能用嘴巴衔。全靠嘴巴周围和长长的吻部上那些黑色的小鼓包，它才能轻柔地衔起幼崽。这些鼓包里布满了对压力和肌肤接触异常敏感的触觉感受器。

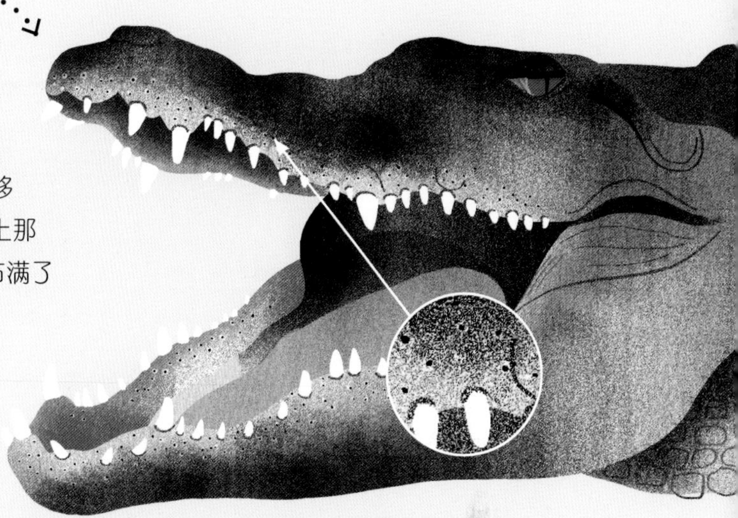

鳄鱼的吻部甚至比人类的指尖还要敏感。

鳄鱼的皮肤上还具有对水流运动异常敏感的触觉感受器，因此它能够感知猎物的游动，判断猎物所在，从而有效地展开突袭。

## 南非拟沙丁鱼

这种沙丁鱼每年5到7月在南非海岸数以万计地成群集结，然后向北迁移。每年的这个时候，南半球的水温变得越来越冷。南非拟沙丁鱼的皮肤上密布着能敏锐感知水温变化的感受器，一旦水温降到21摄氏度以下，它们就会大规模集结，向更温暖的水域迁移。

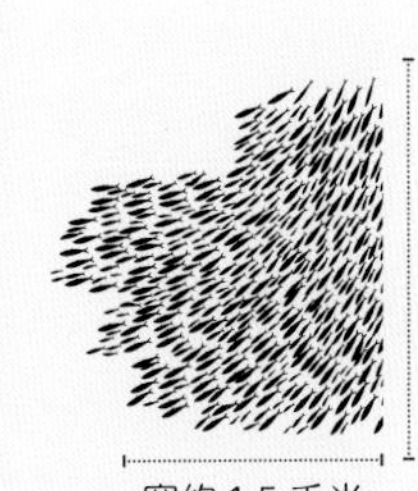


人类也具有对外界温度降低敏感的感受器，只有天冷的时候它们才被触发。

这些沙丁鱼之所以能大规模地同步迁移，是因为它们身体两侧各有一排感知水流的感受器。当有猎物攻击鱼群左翼时，造成的水流运动会被鱼群感受到，它们因此可以改变行进方向。鱼群中的每一条鱼都能做出同样的反应，这就形成了如同多米诺骨牌一样的连锁效应。

这些动物

# ····触觉出类拔萃····

*所有的动物都有触觉，但有些动物的触觉极其敏锐，以弥补它们其他感觉的不足。*

## 星鼻鼹

这种哺乳动物生活在北美洲的潮湿地带。同其他鼹科动物一样，星鼻鼹也是双目近乎失明的，主要靠触觉在阴暗的隧道中探路、捕食。它的两个鼻孔四周长着 22 只触手，呈放射状，像光芒闪烁的星星，但触手对嗅觉却帮助不大。触手上分布着 2.5 万个乳头状突起，称为艾默氏器，其中又包含超过 10 万个触觉感受器。

星鼻鼹的触觉感受器数量是人类双手的近 6 倍。这在哺乳动物中可是首屈一指的。

触手们分工明确，最长的触手首先碰到猎物，短一些的触手则将近处的猎物挪到嘴边。星鼻鼹的触手行动迅速，每秒钟能碰触大约 10 个物体。

## 亚利桑那沙漠金蝎

这种蝎子生活在美洲沙漠中，会在夜间趁着温度降低的时候出来捕食。它又聋又盲，对气味也不敏感，但只要猎物近身到 15 厘米以内，就会被它精准地锁定。蝎子独步天下的触觉来自它的 8 条腿。腿末端的脚须中布满能敏锐感知气流和空气振动的感受器。只要猎物略有动静，它的感受器老远就能探测到。

蝎子借助 8 条敏感的腿在四周布起一个感觉阵，任何猎物进入其中都难逃一劫。

能感受振动的可不仅仅是耳朵！我们的皮肤也能感受到声音的振动和物质运动造成的地面振动。比如，把手放在高保真音响上，就能感觉到振动。

这些动物

# 对挠痒痒敏感

*有些哺乳动物的触觉太过敏感，以至于稍稍被触碰，就会痒到发笑。*

## 老鼠

如果用手迅速划过老鼠的背部、腹部、脖子或者吻部，它会发出短促的叫声。这种叫声应该是快乐满足的信号，因为老鼠很喜欢这样的抚摸。老鼠的皮肤之所以对抚摸特别敏感，是因为上面布满了触觉感受器。只要反复轻抚，这些感受器就会被触发。

如果你说从没听过老鼠的笑声，这也正常，
因为它们笑的时候发出的是超声波，人耳只有借助仪器才能听到。

## 倭黑猩猩

小倭黑猩猩被挠脚心、手心或胳肢窝的时候，会哈哈大笑。这些部位具有更多对轻触敏感的感受器，只要稍被触发，小倭黑猩猩就能感觉到痒。持续时间长一些的话，小倭黑猩猩就会大笑。不过成年倭黑猩猩对挠痒痒就没那么敏感了。

只对挠痒敏感的感受器并不存在。
将信号传递给大脑、引起我们大笑的是对轻触和抚摸敏感的几种感受器。
笑一笑吧，那样更健康！

触觉是人类很容易忽视的一种感觉。然而，它对人类的快乐和健康却至关重要。没有触觉，我们会感到孤独和不幸福。这也是为何触觉是所有动物都拥有的一种感觉。

# 名词解释

### 捕食者

捕捉其他生物并以被捕捉生物为食的动物。

### 哺乳动物

哺乳动物是动物世界中躯体结构、功能和行为最为复杂的一个类群，它们有诸多共同特征：全身被毛、体温基本恒定、胎生、母体都以乳汁哺育幼崽。

### 次声波

频率低到人耳无法听到（小于 20 赫兹）的声波。仅少数动物能够听到次声波。

### 耳蜗

耳蜗是听力系统的末梢器官，位于内耳，形似蜗牛壳，负责将来自外耳和中耳的机械振动（即声音）转换为神经信号并传送给大脑。

### 分贝

在声学领域，分贝是用于衡量音量或声音强度的单位，以 dB 表示。完全静音等于 0 分贝，一场音乐会的声音强度能达到 105 分贝。

### 浮游生物

浮游生物是生活在淡水或咸水中，不能有效移动只能随波逐流的微小生物，分为浮游植物和浮游动物。它们多位于食物链的底端，是很多动物的食物来源。

### 蛤蜊

一种具有两个相等的保护性外壳的软体动物。

### 赫兹

声音频率的测量单位。频率越低，声音越低沉；频率越高，声音越尖锐。

### 花蜜

开花植物的分泌物，主要成分为小分子糖类。蜜蜂和某些动物以此为食。

### 甲壳动物

节肢动物门的一个亚门，多为水生。具有 2 对触角和坚硬的角质甲壳。

### 晶状体

晶状体是眼球内透明、双凸状的扁圆体。它的凸度可以调节，以保证不管远近，物体影像都能被反映到视网膜上。

### 鲸目

鲸目动物为大型海洋哺乳动物，有一到多个喷气孔。鲸目有两大分支：须鲸和齿鲸。其中，蓝鲸和长须鲸属须鲸，具有鲸须；而海豚和抹香鲸属齿鲸，长有牙齿。

### 鲸须

鲸须是位于须鲸类动物口部的巨大的角质薄片，它柔韧不易折断，呈梳子状，用以过滤吞下的水并收集食物。鲸须与指甲一样，组成成分都是角蛋白。

### 昆虫

无内骨骼，身体分为头、胸、腹三部分，成年期胸节处长有 6 条腿的动物。其中一些类群具有翅膀。

### 犁鼻器

犁鼻器又被称作雅各布森氏器官，是位于鼻腔内的一种辅助嗅觉感觉器官，用以探测其他生物释放的信息素。人类的犁鼻器已经高度退化。

### 猎物

被其他动物捕杀并吃掉的生物。

### 灵长目动物

大脑发达，具有可抓握的双手的哺乳动物。主要包括狐猴科、长臂猿科及人科等。

### 喷气孔

位于鲸目动物头顶上、代替鼻子的呼吸孔。

### 软骨

软骨是一种略带弹性的坚韧组织，主要覆盖在骨骼末端，用以缓冲摩擦、保护关节。鼻尖和耳郭上的软骨则起到支撑和塑形作用。

### 软体动物

软体动物是仅次于节肢动物的动物界第二大类群。它们身体柔软、不分节，身体分为头、足和内脏团 3 部分，体外有外套膜。有些软体动物有贝壳保护身体，比如贻贝和蜗牛。

### 食虫动物

以昆虫为食的动物。

### 食腐动物

以其他动物的尸体为食的动物。

### 食肉动物

主要以肉类食物为食的动物。

### 视觉敏锐度

眼睛能看到尽可能远处的微小物体并分辨其细节的能力。

### 瞳孔

位于虹膜中心的圆孔，它可以通过收缩或者放大来调节进入眼球的光线量。

### 痛觉感受器

痛觉感受器分布在皮肤、肌肉及其他器官的多个区域，在身体受到伤害性刺激时会向大脑发送信号。一些痛觉感受器能感受割伤、刺伤、咬伤，还有的能感受烫伤、冻伤和拉伤。

### 味蕾

味蕾是味觉的感受器，形似花蕾。大多数味蕾位于舌头表面的乳头状凸起（舌乳头）上。

### 物种

形态相似，互相之间可以交配并繁衍后代的群体。

### 细胞

细胞是组成生命体器官的基本单位。大部分微生物仅由单个细胞组成，而人体则由数十万亿个细胞组成。细胞可分为 200 多种，如皮肤细胞、脑细胞、胃细胞、肝细胞、骨细胞、血细胞等等。

### 信息素

动物分泌到体外、用以与种群内其他个体交流的一种化学物质。它们可以用来标记领地、吸引异性或者驱赶竞争对手。

### 夜行性动物

白天休息，晚上活动、觅食的动物。

### 蛹

蛹是完全变态昆虫从幼虫到成虫之间的过渡形态。幼虫生长到一定时期转变为蛹，蛹在条件适合的情况下转变为成虫。

### 幼虫

大部分昆虫生命周期的第一个阶段。幼虫的习性和形态与成虫显著不同。

### 鱼须

一些鱼类及龟鳖目动物嘴巴附近的触觉器官，形如猫须。

### 杂食性动物

以植物、肉类甚至菌类等各类食物为食的动物。

### 植食性动物

以植物的茎叶、种子等为食的动物。

### 中央凹

位于眼睛底部视网膜中央的凹陷。它集中了大量的视觉感受器，能够清晰地辨认细节。

**图书在版编目（CIP）数据**

我们的感官：动物和人是如何感觉的？ /（法）法拉·凯斯里，（法）米歇尔·西姆著；（法）阿梅莉·法利埃绘；李萍译．-- 成都：四川科学技术出版社，2023.10

ISBN 978-7-5727-1123-7

Ⅰ．①我… Ⅱ．①法… ②米… ③阿… ④李… Ⅲ．①动物—感觉器官—儿童读物②人体—感觉器官—儿童读物 Ⅳ．①Q954.53-49②R322.9-49

中国国家版本馆CIP数据核字（2023）第178291号

**著作权合同登记图进字21-2023-211号**


**我们的感官：动物和人是如何感觉的？**

**WOMEN DE GANGUAN: DONGWU HE REN SHI RUHE GANJUE DE?**

| | | | |
|---|---|---|---|
| 著　者 | [法]法拉·凯斯里　[法]米歇尔·西姆 | | |
| 绘　者 | [法]阿梅莉·法利埃 | | |
| 译　者 | 李　萍 | 选题策划 | 北京浪花朵朵文化传播有限公司 |
| 出 品 人 | 程佳月 | 出版统筹 | 吴兴元 |
| 责任编辑 | 谌媛媛 | 助理编辑 | 翟博洋 |
| 特约编辑 | 马筱婧 | 责任出版 | 欧晓春 |
| 装帧制作 | 墨白空间·闫献龙 | 版式设计 | 赵昕玥 |
| 出版发行 | 四川科学技术出版社<br>地址 成都市锦江区三色路238号　邮政编码 610023<br>官方微博 http://weibo.com/sckjcbs<br>官方微信公众号 sckjcbs<br>传真 028-86361756 | | |
| 成品尺寸 | 210 mm × 285 mm | 印　张 | 4.5 |
| 字　数 | 57千字 | 印　刷 | 天津联城印刷有限公司 |
| 版　次 | 2023年10月第1版 | 印　次 | 2023年10月第1次印刷 |
| 定　价 | 68.00元 | | |

ISBN 978-7-5727-1123-7

邮购：成都市锦江区三色路238号新华之星A座25层　邮政编码：610023
电话：028-86361770

呜